丰满水电站重建工程
智慧管控技术探索与实践

路振刚　王永潭　著

中国水利水电出版社
www.waterpub.com.cn
·北京·

U0345563

内 容 提 要

智慧建造技术是全面提升水电行业管控水平的重要手段与途径，也是泛在电力物联网建设的重要组成部分。本书系统地介绍了丰满水电站全面治理（重建）工程"智慧丰满"建设的全过程，适合具备一定数字化电站设计、建设和实践经验的读者群体，旨在引领水电行业智慧建造行业的发展，为该领域提供一套技术领先、通用性强、结构完整的智慧建造参考方案。

本书可供水电及其他领域工程建设设计、管理、施工人员使用，也可供相关人员参考。

图书在版编目（ＣＩＰ）数据

丰满水电站重建工程智慧管控技术探索与实践 ／ 路振刚，王永潭著. -- 北京：中国水利水电出版社，2019.6
ISBN 978-7-5170-7661-2

Ⅰ．①丰… Ⅱ．①路… ②王… Ⅲ．①水力发电站－重建－工程技术－研究－吉林市 Ⅳ．①TV7

中国版本图书馆CIP数据核字(2019)第087743号

书 名	丰满水电站重建工程智慧管控技术探索与实践 FENGMAN SHUIDIANZHAN CHONGJIAN GONGCHENG ZHIHUI GUANKONG JISHU TANSUO YU SHIJIAN
作 者	路振刚 王永潭 著
出版发行	中国水利水电出版社 （北京市海淀区玉渊潭南路 1 号 D 座 100038） 网址：www. waterpub. com. cn E－mail：sales@waterpub. com. cn 电话：(010) 68367658（营销中心）
经 售	北京科水图书销售中心（零售） 电话：(010) 88383994、63202643、68545874 全国各地新华书店和相关出版物销售网点
排 版	中国水利水电出版社微机排版中心
印 刷	北京瑞斯通印务发展有限公司
规 格	184mm×260mm 16 开本 12 印张 285 千字
版 次	2019 年 6 月第 1 版 2019 年 6 月第 1 次印刷
印 数	0001—1000 册
定 价	**59.00 元**

凡购买我社图书，如有缺页、倒页、脱页的，本社营销中心负责调换
版权所有·侵权必究

序

丰满水电站被誉为"中国水电之母",由于特殊历史时期的筑坝水平,大坝存在严重的裂缝、渗漏、冻融破坏及部分基础断层坝段不稳定等先天性质量缺陷,已对大坝安全造成严重影响,因此进行全面重建。

丰满重建工程是目前世界上首个'百亿装机、百米坝高、百亿库容'的重建工程,工程建设举世瞩目。本工程地处东北严寒地区,气候条件恶劣(年均气温 4.9℃;极端温差 79.5℃),浇筑仓尺寸大(最大面积 1.8 万 m²);年施工周期短(连续三年停工越冬),工程建设面临巨大技术挑战。

为破解高寒区碾压混凝土坝施工难题,提高混凝土坝施工和管控水平,有效保证丰满重建工程的施工质量、施工安全及施工进度,项目成员历时十年,在系统建设、模型构建、软硬件开发、施工与管控技术等方面开展了全面系统的研发与应用工作,形成了完整的智慧管控成套技术,并在丰满重建工程中全面应用,取得了良好效果,现场钻取三级配碾压混凝土芯样长度 23.18m,居世界首位。

本书是对丰满重建工程智慧管控技术的深度总结和高度提炼,主要内容包括开发了构件化、抽屉式的三维可视一体化平台,实现了施工数据的透彻感知、施工与建设管理信息的全面互联与深度融合;研发了混凝土坝施工的智能化碾压、温控、试验检测、质量验评、加浆振捣、灌浆质量管控技术;全视频监控、施工定位、移动安监的安全管控技术及可视化进度仿真平台,实现了工程建造全环节、全过程数据的透彻感知、实时传递、全程可视、业务协同及智慧管控。

本书共分 5 章内容,从丰满重建工程的介绍、智慧管控平台的架构、智慧管控平台的功能设计及智慧管控技术的应用四个方面系统、全面地介绍了智慧管控技术在丰满重建工程的系统研发与全面应用。

本书的作者全程参与了丰满重建工程的建设过程,是从事水利水电建设和管理数十年的资深专家,一直致力于智慧化水利水电工程的设计、优化、建设、管理与运营工作，亲历了我国水利水电行业从传统模式向智能化模式过渡的发展过程，是智慧管控先进技术的推动者和践行者。

　　该书的问世，展示了我国在混凝土坝智慧管控领域取得的重大进展，有助于提高混凝土坝的建造水平。因此，本书具有很好的理论研究价值和工程实践指导意义，是水利水电工程建设领域中不可多得的好书，可供水利水电工程技术人员学习、参考和使用。是为序。

中国工程院院士

2019 年 4 月

前　言

当前，信息化、智能化建设方兴未艾，"互联网＋"已广泛影响社会各领域的发展。国家电网有限公司以高度的社会责任感和历史责任感启动了"三型两网、世界一流"战略，全面部署泛在电力物联网建设，围绕电力系统各环节，充分应用移动互联、人工智能等现代信息技术、先进通信技术，全面实现业务协同、数据贯通和统一物联管理，全面形成共建共治共享的能源互联网生态圈。

水电站因其灵活的运行方式，在泛在电力物联网建设过程中发挥着不可或缺的重要作用。在新的历史机遇期，国网新源公司开展了抽水蓄能电站"两型两化"的建设，旨在全面提升水电行业的整体管控水平。在"互联网＋"的迅速发展与应用背景下，大坝数字化进程与互联网技术充分融合，"数字大坝"从萌芽到成熟并逐步在大坝建设中得到实践应用。随着系统开发的深入，相关智能控制系统相继建成，实现了信息监测和控制的自动化、智能化，完成了"数字大坝"向"智慧大坝"质的跨越。

丰满水电站始建于日伪时期，是我国第一座大型水电站，被誉为"中国水电之母"，丰满水电站全面治理（重建）工程受到党和政府以及社会各界的高度关注，具有强烈的行业影响、民族情结和政治意义。为确保工程质量，保证施工过程的完整性及可追溯性，工程建设伊始，丰满建设局即确立了"数字化大坝""智慧丰满"的建设目标。

在充分调研和借鉴三峡、糯扎渡等"数字化大坝"建设经验的基础上，提出了"智慧管控"的新理念，攻克了一系列关键技术难题，经历了质量监控系统、二维管控平台、三维静态模型、动态模型和信息集成5次版本升级，形成了目前的"智慧管控"平台，以数字大坝为基础，以物联网、智能技术、云计算与大数据等新一代信息技术为基本手段，以全面感知、实时传送和智能处理为基本运行方式，建立了动态精细化的可感知、可分析、可控制的智能化大坝建设运行体系，最终将丰满智慧管控平台打造成多业务融合、专业化管理、网络化传输、可视化管控、智慧化决策的综合型服务平台，为丰满重建工程建设精细化管理提供支撑，使工程安全、质量、进度处于全面受控状态。

"智慧丰满"系统的研发、集成应用及本书的编写，得到了天津大学、中国水利水电科学研究院、北京易用视点科技有限公司、中水东北勘测设计研究有限公司、中国水利水电建设咨询北京有限公司、中国水利水电第十六工程局有限公司、中国水利水电第六工程局有限公司、北京尚优力达科技有限公司等单位和个人的大力支持和帮助，中国工程院钟登华院士还在百忙之中为本书做了序言，在成稿过程中，许多专家提出了宝贵的意见和建议，在此一并表示衷心的感谢！

本书共分五章。第一章主要概述丰满水电站历史沿革、原水电站存在的先天性缺陷、丰满重建工程的立项过程、方案的比选以及丰满重建工程的概况，重建工程与新建工程的差异之处，使读者对原丰满水电站、丰满重建工程的由来及发展历程有个整体的认识。

第二章主要介绍了智慧丰满系统的模块化应用，涵盖了工程可视化、视频监控、移动安监、人员定位系统、标准管理、工程划分、质量验评、试验管理、碾压质量监控、智能温控、灌浆监控、核子密度仪、拌和系统、进度管控、辅助决策分析等模块，是智慧丰满系统的主要组成部分，展示了实现智慧丰满的基本理论和方法。

第三章主要介绍了智慧丰满系统平台的概况及平台发展历程，分数字化、智能化、可视化到智慧管控等四个阶段讲述了其一步一步从无到有、从粗到细的发展经历，展示了智慧丰满平台建设的整体架构。

第四章主要介绍了智慧丰满管控平台的功能方案，从标准管理、安全、质量、进度、施工模型信息、档案收集到碾压监控系统、智能温控系统、灌浆监控系统，详尽地介绍了实现上述功能的具体方法和途径。

第五章主要介绍了智慧丰满系统的关键技术和创新点，以及在系统开发和推行过程中遇到了一些亟待解决的问题，并对进一步完善智慧管控系统提出了展望。

希望本书能够给水电及其他领域工程建设提供参考和启示，促进基础设施建设领域从"粗放管理"向"精细管控"及"智慧建造"实现转变，为提升基础设施领域现场管控水平起到一定的促进作用。限于作者水平，不当之处，敬请指正。

作者

2019 年 4 月

目　录

丰满水电站工程概况

松花江发源于长白山天池，水系发达，水资源丰沛，有着巨大的综合开发利用价值。20 世纪 30 年代，东亚第一大型水利工程——丰满水电站建成，并形成了当时全国第一大人工湖——松花湖。

第一节　丰满水电站建设历史

1937 年 11 月，丰满大坝工程全面破土动工，1942 年，完成大坝混凝土浇筑量的 59% 时即开始蓄水。

1943 年 2 月 15 日、20 日，两台厂用机组先后投入运行。3 月 25 日、5 月 13 日，第 1 号和第 4 号主机（各 6.5 万 kW）先后投入运行，向吉林、长春、哈尔滨送电。截至 1945 年抗日战争结束时，丰满大坝混凝土共浇筑 182.2 万 m³，仅占大坝应浇筑量的 87%；4 台机组正式运行，还有 4 台机组未投入运行（其中 2 台机组开始安装，2 台机组已到货）。

1946 年 5 月，国民政府接收丰满后，成立了丰满发电厂管理处和丰满工程处。

1948 年 3 月 9 日，丰满水电局成立。在恢复生产时期，相继修复了内燃机、推土机、蒸汽机车、起重机及各种类型的大型设备。这些设备的恢复生产，对完成大坝的续建、改建起到了重要作用。1948 年 6 月 22 日，开始浇筑停工多年的大坝混凝土，至 1949 年年底共浇筑 9.985 万 m³。

1950 年 2 月至 1951 年 4 月，水电设计专家小组到丰满水电站进行了为期 4 个月的勘测、调查，确定了丰满水电站的技术方案。进行了大坝纵缝插筋灌浆，以恢复大坝的整体性；坝体和基础灌浆排水，以降低扬压力，减少渗漏；改造溢流面和护坦，以防止下游冲刷；安装闸门及启闭机，以控制蓄泄洪水。通过专家的技术指导，使原预计的施工期限 4.5~5 年缩短为 2.5 年，并收到了预期效果。至 1953 年，大坝灌注工程基本完成。

1953 年 2 月 4 日，丰满水电站扩建工程开工。1953 年 4 月 27 日，中国第一台自行安装的 7.25 万 kW 的 7 号大型水轮发电机组竣工投产，提前 4 天完成任务。同年 5 月 3 日，

7.25 万 kW 的 8 号水轮发电机组开始安装，7 月 27 日竣工投入运行。

1954 年 9 月，7.25 万 kW 的 6 号机组竣工投产；1955 年 3 月，7.25 万 kW 的 2 号机组竣工投产；1956 年 8 月，7.25 万 kW 的 5 号机组竣工投产；1960 年 5 月，6 万 kW 的 3 号机组竣工投产。至此，全站共新安装机组 6 台，加上原有的两台机组（2×6.5 万 kW），总容量达到 55.25 万 kW。

1988 年 4 月，丰满发电厂二期扩建工程正式开工。1991 年 12 月 19 日，9 号机组投产运行；1992 年 6 月 19 日，10 号机组投产运行。二期扩建共增加容量 17 万 kW，电厂总装机容量已达到 72.25 万 kW。

1995 年 4 月 18 日，将泄洪洞改为引水建筑物的丰满发电厂三期扩建工程开工，拟安装两台 14 万 kW 机组。1997 年 12 月 6 日，三期扩建的 12 号机组投入运行。1998 年 7 月 21 日，三期扩建的 11 号机组投入运行。至此，丰满发电厂装机容量跻身百万大厂行列。

经过二期、三期扩建，丰满发电厂共安装有 12 台水轮发电机组。由于历史原因，机组型号十分繁杂。机组部件分别来自苏联、美国、日本、瑞士及中国等多个国家，素有"水电博物馆"之称。全厂装机容量 1002.5MW，是东北电网的骨干电厂，在系统中承担着发电、调峰、调频、事故备用的任务，兼有防洪、灌溉、航运、城市及工业供水、养殖和旅游等综合利用功能，在东北地区经济社会发展中发挥了巨大的社会综合效益。

2002 年，丰满三期永庆反调节水库工程开工。在丰满大坝下游 10km 处建永庆坝，以实现经济运行，释放丰满发电厂 6 万 kW 基荷，增加了调峰能力。2004 年 7 月 15 日主体工程提前 6 个月竣工，2006 年 10 月工程全面竣工。

为彻底治愈历史特定时期遗留的低质量施工隐患和老化破损问题，从根本上提高大坝的抗震稳定能力，从 1988 年 4 月开始了丰满大坝加固工程，直到 1997 年该工程全部竣工。经过十年的努力，丰满大坝的整体稳定系数得到了提高，增强了抗冻性和耐久性，同时增加了防洪库容。

第二节　丰满水电站的缺陷

这座建于 20 世纪 30 年代的丰满大坝，存在着难以根治的先天缺陷。确保丰满大坝的安全已成为一种必然选择，电力监管部门、业主单位、电站属地政府均承受着极大的社会责任与压力。

一、战争特例——先天缺陷

建于战争时期的丰满大坝，受当时历史条件限制，大坝设计和施工技术水平较低，建筑材料、施工质量较差。大坝建成之始，即存在着诸多严重的先天性缺陷。特别是迫于战争需要，为尽快建成投产，1942 年的大坝混凝土浇筑质量明显下降，低强度的仓面遍布整座大坝，从而造成大坝整体性差；混凝土强度低，抗渗、抗冻等指标不满足规范要求；混凝土冻融冻胀和溶蚀破坏较严重，大坝整体安全裕度不足；个别坝段受断层带影响，抗滑稳定安全性不满足规范要求；大坝防洪能力不足，不能满足校核洪水标准要求；坝后电站厂房机电设备陈旧老化，厂房结构、引水钢管、金属结构等隐蔽工程材质低劣等。

二、历经改造——隐患难除

新中国成立后，丰满发电厂对大坝进行了持续的补强加固，特别是三次大规模的系统性改造，基本维持了大坝安全运行。1955—1974 年主要进行了坝体帷幕灌浆，但由于坝内混凝土质量差，渗漏严重引起冻胀。丰满大坝在 1986 年汛期大坝泄洪时，溢流坝段仍被部分冲毁，冲走混凝土约 1000m³，破坏范围约 700m²，冲坑深度 2～3m。1988—1997 年，开展了坝体外包混凝土、上游面沥青混凝土防渗、大坝预应力锚索等全面补强加固工程。2008—2009 年，为确保大坝全面治理工程实施前水库泄洪安全，采取了降低溢流坝段渗水压力的工程措施。

1995—1998 年，国家相关部门对丰满大坝开展了历史上第一次安全定期检查工作，当时大坝虽被评定为正常坝且具有甲级注册资质，但在专家结论中仍提示业主单位：虽经加固，但原有缺陷未能根除，仍需制定合理有效的措施，继续对大坝进行补强加固，提高大坝整体性和耐久性。

2003—2005 年，在丰满大坝第二次安全定期检查中，国家电监会大坝安全监察中心组织院士和权威专家对丰满大坝问题进行了全面梳理和诊断。经专家咨询和技术研讨，在第二次定期检查报告审查意见中明确提出：丰满大坝存在"坝体混凝土施工质量差，造成渗漏、冻胀，影响大坝耐久性，特别是防洪安全；大坝施工时未处理好的三条纵缝及若干条横缝，影响大坝整体性；大坝混凝土先天质量缺陷，加上坝体渗透压力长期居高不下，造成溶蚀、冻胀、开裂，使大坝稳定性和结构应力储备降低；大坝防洪校核洪水位工况下，必须考虑机组参与泄洪，不满足现行规范规定"等四个方面的主要问题。鉴定结论将丰满大坝安全等级评为"病坝"。在上报国家电监会备案后，电监会批复同意将丰满大坝安全等级评为"病坝"，注册等级为丙级，并要求国家电网公司（以下简称"国网公司"）为确保大坝安全运行落实相关工作措施。

为进一步了解大坝性态，东北电网公司委托设计单位于 2007—2008 年进行了大坝钻孔取芯调查。经调查发现，三类坝体不良混凝土平均占全孔段的 24.2%；芯样含泥较多，且部分成粉状，由于这种现象随机分布在坝体混凝土之中，无法将其剔除。

纵然补强加固措施从未间断，但大坝先天缺陷却难以根除。正如在 2009 年方案论证比选会上两院院士潘家铮指出的那样："丰满病坝的治理是个老大难问题，已经困扰我们几十年了。方案取舍实质上是值不值得多花 30 亿元换取工程安全保障度的增加和现代化改进，专家组的意见是肯定的。"

三、大坝安全——责任重于泰山

丰满水电站坝址控制流域面积 42500km²，多年平均流量 439m³/s，总库容 109.88 亿 m³，水库具有多年调节性能，工程以发电为主，兼有防洪、灌溉、航运、城市及工业用水、养殖和旅游等综合利用功能。枢纽工程主要由混凝土重力坝及坝身溢洪道、泄洪洞、发电引水隧洞、坝后式厂房、岸边式厂房等组成，坝顶长度 1080m，最大坝高 91.7m。丰满大坝的安全直接关系到下游吉林、哈尔滨等 11 个县（市）人民的生命财产安全和黑龙江、吉林两省社会经济的持续发展。

丰满水电站一直得到党和政府的高度重视。新中国成立以来，历任党和国家领导人都曾亲临丰满水电站考察。这不仅是因为丰满水电站为新中国水电事业培养了大批人才，号称"水电之母"，更是因为丰满大坝在松花江防洪体系中的关键作用。

第三节　丰满重建工程立项过程

正确决策的基础是严谨科学的论证。站在对历史、对人民、对社会经济可持续发展负责的高度，国网公司全面贯彻落实国家发展和改革委员会（以下简称"国家发展和改革委"）"彻底解决、不留后患、技术可行、经济合理"十六字方针，以科学论证、比选方案来体现民主决策；以程序规范来扎实推进预可行性研究和可行性研究阶段等前期工作。工程实施后将确保松花江下游沿岸几千万人民生命财产安全和社会经济的可持续发展。

一、科学论证，体现民主决策

2006年2月，国网公司向国家发展和改革委报送了《关于丰满发电厂水库大坝全面加固工程按基本建设程序开展前期工作的请示》。2006年4月，国家发展和改革委复函同意按基本建设程序开展丰满发电厂水库大坝全面加固工程前期工作，并提出了"彻底解决、不留后患、技术可行、经济合理"十六字治理方针。

2008年5月，由中国水利水电建设工程咨询公司组织召开了丰满水电站大坝全面治理工程前期工作咨询会议。会议对所有全面治理方案进行了技术咨询，在充分讨论的基础上提出了《丰满水电站大坝全面治理工作咨询报告》。国家电网公司组织相关专家以及科研、设计单位和咨询机构就丰满大坝全面治理进行了多种方案的深入研究，积极寻求最有效、最可行的治理办法。在历时两年的时间里，从"加固"和"重建"两个方面论证了七个方案。在水电水利规划设计总院（以下简称"水规总院"）的主持下经过多次比选和论证，确定在"灌浆加固方案"和"重建方案"两者中最终选择确定全面治理方案。

2009年7月，国网公司组织召开了丰满水电站大坝全面治理工程方案论证会，会议成立了以潘家铮院士为组长，国内相关院士、设计大师和专家组成的13人专家组，全面开展了方案论证比选工作。在充分听取与会各方面代表意见的基础上，专家组认为丰满大坝存在的缺陷是先天性的，虽经多年补强加固和精心维护，但固有缺陷仍然无法彻底消除。与会专家对两个重点比选方案进行了充分论证，从方案的技术可行性、治理效果及可靠性、耐久性、施工难度、施工期环境影响、水库综合利用以及社会经济发展水平对安全生产的要求等多方面综合分析；并考虑进一步提高大坝的防灾减灾能力，保障松花江流域的防洪安全，专家组同意坝址重建方案作为丰满大坝的全面治理方案。2009年9月，水规总院会同吉林省发展和改革委员会（以下简称"吉林省发改委"）主持召开了丰满水电站全面治理（重建方案）工程预可行性研究报告审查会议，形成了审查意见。

2009年12月，国网公司向国家发展和改革委报送了《关于开展吉林丰满水电站全面治理工程（重建方案）前期工作的请示》。国家发展和改革委复函同意丰满大坝按重建方案开展前期工作，同时指出："重建方案按恢复电站原任务和功能，在原丰满大坝下游附近新建一座大坝，治理方案实施后，不改变水库主要特征水位，不新增库区征地和移民，新坝建设期间必须确保原大坝安全稳定运行。"在可行性研究阶段，国网公司委托科研单位，结合工程实际开展了《施工期新老坝相互影响研究》等一大批特殊专项科研工作，为工程建设提供了有力的科技支撑。按规范程序完成了大量的专题报告咨询，并取得了审查意见；完成了所有相关项目核准需单独审批的报告及批文。

2011年12月，水规总院会同吉林省发改委完成了丰满水电站全面治理（重建）工程（以下简称"丰满重建工程"）可行性研究报告审查。2011年12月30日，所有核准文件正式报国家发展和改革委。2012年6月，受国家发展和改革委委托，中国国际工程咨询公司主持召开了丰满重建工程项目申请报告评估会议，从而为项目核准创造了所有前提条件。

2012年10月11日，丰满重建工程项目获得国家发展和改革委核准。

二、创新理念，打造精品工程

丰满重建工程是在原大坝下游120m处新建丰满大坝，装机容量确定为148万kW，增加装机容量约48万kW，并增加了先进的环保设施。丰满重建工程在国内尚属首次，具有里程碑意义。该工程坐落在国家AAAA风景区内，又是人们了解电力发展的一个窗口。

丰满重建过程中必须以新的建设理念，充分应用最前沿的科技成果，最先进的环境理念和高度的人文精神，真正建成精品工程和典范工程，使之成为绿色能源基地、教育培训基地、旅游观光基地和经济可持续发展基地。

丰满大坝的安全事关吉林省和黑龙江省经济社会发展大局和下游几千万人民生命财产安全，责任重于泰山。丰满重建工程是一项百年大计工程，建成后将彻底解决丰满水电站大坝安全问题。电站装机容量更大，安全性更高，将为东北地区经济社会可持续发展发挥更好的作用。必须站在对历史负责，对人民负责，对经济社会发展负责的高度做好大坝重建工作，把丰满水电站建成优质精品工程，造福子孙后代，向党和人民交上一份满意的答卷。

第四节 丰满重建工程方案比选

根据国家发展和改革委办公厅发改办能源〔2006〕683号文的要求，按照"彻底解决、不留后患、技术可行、经济合理"的原则，本着穷尽所有可能方案的原则，东北电网有限公司组织科研、设计和高等院校等多家单位，历经两年多的时间，从治理和重建两个方面进行了大量的科研和设计工作，研究论证了多个全面治理方案。

一、加固治理方案

全面治理加固共研究了6种组合方案，分别为放空水库治理方案、坝体上游面贴聚氯乙烯（Polyvinyl chloride，简称PVC）膜的综合治理方案、上游面浮式拱围堰干地施工综合治理方案、坝内置换混凝土防渗墙综合治理方案、降水位大围堰干地施工综合治理方案、坝体防渗灌浆综合治理方案。

二、重建方案

重建方案（方案7）是在原大坝下游新建大坝，新、老坝轴线相距120m，利用老坝挡水作上游围堰。新坝建成后，拆除部分老坝至死水位以下约2m，拆除宽度约500m，拆除体积约为原坝的1/10。

三、方案筛选

全面治理方案的比选主要考虑以下几个方面：方案的可行性、可靠性和耐久性；能否彻底解决丰满大坝存在的主要问题；对库区上、下游环境及其他方面的影响；工程投资等。

从方案的技术可行性、可靠性、施工难度、施工期环境影响、水库综合利用、社会经济发展水平和对安全生产的要求等多方面分析，并考虑进一步提高大坝的防灾减灾能力，保障松花江流域的防洪安全，建议选择下坝址重建方案作为丰满大坝全面治理最终方案。

第五节　丰满重建工程概况

一、枢纽布置

丰满重建工程是按恢复电站原任务和功能，在原丰满大坝下游120m处新建一座大坝，并利用原丰满三期工程。电站枢纽建筑物主要由碾压混凝土重力坝、坝身泄洪系统、左岸泄洪兼导流洞、坝后式引水发电系统、过鱼设施及利用的原三期电站组成。

1. 大坝工程

碾压混凝土重力坝坝顶高程269.50m，最大坝高94.50m，坝顶总长1068.00m，大坝共分56个坝段，左、右岸坝头均与上坝公路相连。由左、右岸挡水坝段，溢流坝段，厂房坝段组成。设计洪水标准为500年一遇，校核洪水标准为10000年一遇。

2. 发电厂房工程

发电厂房为坝后式地面厂房，主机间与安装间呈一列式布置，主机间右侧布置安装间，安装间右侧布置中控楼，上游侧布置电气副厂房，厂房坝段与上游副厂房之间布置有6台主变压器，并设有主变压器搬运道，500kV开关站布置于中控楼右侧。过鱼设施位于右岸，采用升鱼机接上游鱼道的布置方式，由诱鱼系统、集鱼箱、升鱼机、集鱼池、上游鱼道及控制管理站等组成。

3. 泄洪兼导流洞工程

泄洪兼导流洞为深孔有压洞，全长848.96m，由进口明渠段、洞内喇叭口渐变段、竖井式闸门井段、有压洞身段、出口闸室段、出口消能防冲段等部分组成。设计洪水标准为500年一遇，校核洪水标准为10000年一遇。

4. 大坝主体工程鱼道

大坝主体过鱼设施为"集鱼系统+升鱼机+放流系统"方案，整体布置于枢纽右岸，主要组成部分为环绕尾水渠鱼道集鱼系统、升鱼机系统、放流系统、观察室和辅助设施。

集鱼系统环绕厂房尾水渠布置，按照尾水水位变幅，鱼道全程共在4个高程设置6个进口，可结合工程实际运行调整开启方式。

升鱼机系统由运鱼箱、轨道运鱼车、坝顶固定门机等组成。在坝体廊道上方设置竖井直通坝顶，由坝顶固定门机将运鱼箱通过竖井放置于坝前智能轨道车上，智能轨道车沿右坝肩至老坝，沿老坝下游新建轨道梁向左岸到 49 号坝段，由老坝坝顶的吊运设备将运鱼箱放在运鱼船上。

5. 永庆反调节水库鱼道

永庆反调节水库鱼道工程设置在永庆村左岸，采用垂直竖缝式鱼道，由鱼道进口、梯身、鱼道出口等组成，鱼道全长 579.49m。与大坝鱼道配合使用，对于进一步打通松花江流域鱼类基因交流具有重大意义。

6. 鱼类增殖放流站

鱼类增殖放流站位于永庆反调节水库大坝左岸业主管理区内，承担松花江上游流域增殖放流任务。鱼类增殖放流站需在丰满水电站主体工程竣工前完成建设并与水电站同时投入运行。

考虑到松花江鱼类放流的特点，增殖放流工作分两阶段进行：一是部分鱼类直接收集亲本、繁殖、鱼苗培育到一定规格后放流；二是部分鱼类须通过研究，待人工繁殖技术成熟后开始放流，因此鱼类增殖放流站兼有开展研究的功能。

二、丰满重建工程景观规划

工程建成后将与原大坝、三期电站厂房共同存在。为保证新建工程与保留建筑物及周围景观的协调，在加强厂区绿化的同时，厂区建筑以及周围景观设计应体现本地的地域文化特点和对原坝建设的历史传承。为此，建设单位专门聘请中国建筑设计院针对丰满重建工程开展了建筑规划与设计，其目的如下。

（1）保护水生态环境，减少水电站建设带来的生态破坏和影响，促进人与自然和谐相处、构建和谐社会。因此，如何通过景观设计合理地恢复自然生态环境的破坏和影响；如何保护水利风景区，做到适度开发、科学开发，使之保持人与自然和谐相处的良好态势、实现可持续发展。

（2）增加旅游景点，丰富旅游项目，增加电站景观情趣。旅游的目的是新鲜、刺激、差异。不同的景区，要有不同的景观元素。由于丰满水电站是丰满景区的一部分，所以对于以水电站为主体开发的风景区或旅游景点，要具有电站景观的特色。在景观设计中赋予每个景区适宜但又不同的景观元素；对于原坝未拆除部分，进行景观处理，增加水电站景观情趣，提升旅游价值。

（3）综合利用，增加经济效益和社会效益。通过对水利水电工程的详细分析，研究其特点，总结出实用的景观设计方法、途径；保护生态平衡，带动旅游发展，增加经济效益和社会效益。

水电站的环境建设必须针对不同的环境现状，利用可行的技术和措施，进行个性化的水电站环境方案设计，以期实现水电站建设的经济效益和生态环境的可持续协调发展；做到"在保护中促进开发，在开发中落实保护"的水电开发理念；开发和保护并重，寻求和谐的生态效益，最大限度地减缓对生态环境的影响。景观设计规划效果如图 1-1 所示。

图 1-1 景观设计规划效果图

第六节 丰满重建工程与新建工程的差异

丰满重建工程不同于其他新建水电站项目，在施工布置、防洪度汛、新老坝施工相互影响等方面有其独特的特点。

一、施工布置

1. 施工总布置

一是受场地限制要因地制宜地布置；二是要考虑对周边已有设备设施的影响。新建水工建筑物占用原水电站部分厂区面积，需通过合理安排施工场地布置与水电站厂区的统筹规划相协调，尽量减小施工工厂规模并充分利用现有道路，施工附属设施充分利用当地资源，部分建筑物永临结合以减少重复建设。施工场地布置以混凝土拌和系统为主，其他临建设施为辅进行布置，减少了新增临时征地。工程总计新增临时征地约 105hm²，其中石料场及生活营地、弃渣场及运输道路约 95hm²，坝址区约为 10hm²（含加工厂及左岸拌和系统）。

2. 施工导流布置

利用老坝兼作上游围堰挡水，新增左岸导流洞。施工期导流采用原三期机组与导流洞联合泄流，围堰一次拦断河床，基坑全年施工的导流方案。下游围堰位于老坝和三期电站之间，与坝轴线约呈 60°角，以让出三期机组尾水渠。导流标准：采用大汛 20 年一遇洪水，相应流量 2500m³/s；度汛标准：采用大汛 100 年一遇洪水，相应流量 5500m³/s。超过 20 年一遇洪水则由老坝溢洪道及新坝缺口泄洪，基坑过水。

二、施工期度汛及下游供水保障

1. 施工期水库调度及安全度汛

按导流设计，工程施工期间，若遇超过 20 年一遇洪水，原坝溢洪道泄洪，新建大坝和厂房基坑进水。为减少由此带来的经济损失和工期延误，国网新源控股有限公司（以下简称"新源公司"）组织成立了丰满重建工程施工期水库调度工作小组，负责全面协调工程建设期间防洪度汛以及水库运行配合施工等问题。

工程建设期间，丰满水库防洪调度依然按照松花江防汛总指挥部批复的《白山、丰满水库防洪联合调度临时方案》（松汛〔2008〕8号）规定执行。在水库调度工作小组的组织下，对施工期水库调度实施方案进行了深入研究、计算，提出在不影响现有水库及其下游防洪目标安全的情况下，通过对白山、丰满水库联合调度的方式，确定了不同阶段水库水位控制方案，尽最大可能保证施工期在发生100年一遇以下洪水时，原坝溢洪道不开启，为工程建设创造干地施工条件。同时，还兼顾了保障下游供水的任务。

2. 保障下游供水方案

丰满重建工程开工前，原丰满水库下游供水是由丰满发电厂12台机组（含三期2台机组）发电泄流，经下游永庆水库对流量进行反调节，实现均衡供水。

丰满重建工程施工期间，丰满三期2台机组发电泄流成为正常情况下向下游供水的主要途径。在丰满三期机组不能正常发电泄流的情况下，新建泄洪兼导流洞和原三期泄洪洞是向下游供水的备用通道。

为使原三期泄洪洞兼作向下游供水的备用通道，在三期泄洪洞永久封堵段上游增加了临时封堵段，将原直径9.2m的原三期泄洪洞进行临时封堵，临时封堵长度为40m，封堵后预留两个1.6m×2.65m（宽×高）的闸门孔，以控制下泄流量，满足非常时期下游供水要求。当新建泄洪兼导流洞进口岩坎拆除完成后，再对原三期泄洪洞进行永久封堵。目前三期泄洪洞临时封堵已完成，在新坝蓄水之前再进行永久封堵施工。

原三期泄洪洞进行永久封堵后，泄洪兼导流洞将成为保障下游供水唯一的备用通道，必须保证能够随时启用向下游供水。为此必须解决以下两个问题。

（1）泄洪兼导流洞进口岩坎需要由目前高程245.56m拆除到死水位240.00m以下，该工程已于2016年冬季完成，确保了后期水位较低时，进口岩坎过水量满足供水要求。

（2）冬季在低温情况下，出口弧门盘根以及弧门底部会与其接触的洞壁混凝土和弧门轨道冻结在一起，不能正常启闭。为此，提出了弧门底坎上下游搭设临时围堰抽干积水以及盘根导轨加热的方案，并于2015—2016年冬季实施，取得了良好的效果。

三、新坝施工对老坝的影响

为落实国家发展和改革委"新坝建设期间必须确保原大坝安全稳定运行"的要求，可行性研究阶段针对新坝施工对老坝的影响编制专题报告，并通过水规总院组织的审查。施工阶段对老坝的影响包括如下几方面。

1. 施工期老坝断层坝段稳定问题

丰满老坝34～36号坝段为断层坝段，坝体稳定安全裕度不满足规范要求。新坝建设期间，须保证新坝施工不会恶化或者降低老坝原有的稳定安全度。为此，根据新坝施工期基坑开挖料可暂存于老坝坝后的有利条件，结合施工道路布置，设计比较了三个方案，最终选定"基坑开挖料堆放于老坝坝后并结合老坝坝后边坡锚索加固"的方案作为推荐加固方案。2015年年末，该方案已实施完毕。共增设76根锚索（预应力荷载吨位为200t），堆渣压重 7 万 m³,可确保老坝 34~36 号断层坝段稳定并满足现行规范要求。

2. 新坝开挖、浇筑对老坝的影响

丰满重建工程在近百米高大坝下游 120m(两坝轴线间距)处进行新坝坝基开挖,浇筑作业。河床部位新坝基坑开挖边线距老坝坝趾仅 40m,距三期电站厂房不足 100m。新坝建设期间的开挖爆破施工将对老坝产生不利影响。为此建管单位积极组织多家科研单位开展了施工期新老坝相互影响分析、新老坝相互影响水工模型试验、施工期老坝安全监测与预警三个专项研究,注重科学数值与模型试验相结合、理论试验与老坝多年监测数据相结合,分别采用刚体极限平衡法及有限元法、正态整体模型试验法及监测数值收集分析等方法,对施工期老坝稳定、应力状态进行详细研究。研究成果表明,考虑不同典型运行水位静力工况,各典型坝段老坝应力分布基本没有变化,新坝对老坝刚性影响有限,抗滑稳定安全系数没有明显不利;新坝基坑开挖和混凝土浇筑对原坝段下游尾部岩体区域的工作性态没有明显不利影响。

近坝址爆破开挖过程中,通过严格控制爆破药量、重点部位监测质点震动速度、用高速摄像机监视爆破飞石等措施确保了爆破开挖工作安全及周边建筑物、设备安全。2015 年 5 月坝基开挖已顺利完成。

四、老厂拆除及迁建改造项目实施

(一)老厂一期、二期拆除事项

1. 老厂一期、二期机组拆除

丰满水电站重建期间,老厂一期、二期电站机组需进行拆除,涉及资产清查、评估、拆除和处置等工作流程。在国网公司、新源公司的领导下,老厂一期、二期电站来自日本、德意志联邦共和国、美国、瑞士、苏联、中国 6 个国家的 10 台机组拆除顺利完成,并在北京产权交易所实现挂牌交易。其中 1 号、4 号、8 号三台机组实行了保护性拆除,计划用于展览。

按照保护性和阶段性拆除的特殊要求,通过管理探索,在拆除工程中创新采用了"双制式管理""双审双签"的管理机制。把生产管理制度及执行标准纳入到基建管理体系中,严格履行"两票制度",建设管理与生产单位共同对专项施工方案、安全技术措施、应急预案等安全技术文件实施双审双签。

在质量方面执行"三检制",采用项目部自检、监理中心复检、丰满发电厂终检的方式,严格按 A 级检修标准进行保护性拆除。

资产管理和处置方面实行"双编号"制度(对每件拆除设备进行资产编号和设备编号)、出入场登记和检查制度、出入库三方签字制度,避免设备遗失。

安全管控方面实施"三工"活动记录 A/B 本的新型管理模式(A/B 两套记录本按日期单、双进行交替记录)、动火点登记制度、安保及消防巡检制度等一系列制度。确保安全的同时,加快了工程进度。

通过拆除、倒运、仓储等一系列实施方案的不断优化,工程提前 4 个月完工。累计节约施工投资 3300 余万元。

2. 老厂一期、二期厂房安全评估及监测

在厂房机电设备拆除过程中，桥式起重机的频繁使用及机组整体吊运对现有承重结构产生较大影响。故在拆除作业施工前，委托专业机构对厂房吊车柱结构、发电机层板梁结构进行了详细排查和评估。依此合理布置了最大吊出重量为430t时6个支墩的摆放位置，保证了板、梁、柱承载力满足要求。10号机转子吊出前，为避免厂房变形较大，保证起吊作业安全，提出在机坑内拔出磁极的方案，减轻起吊重量近80t，成功地控制了安全风险。

同时，为保证吊运工作安全，进行厂房内、外部环境温度监测及吊车轨道跨度监测、排架柱变形监测和外观巡视检查工作。每日对厂房上下游墙、柱及钢屋架进行巡视检查。

3. 老厂一期、二期厂房土建拆除

为保证老厂一期、二期电站厂房土建拆除过程中人员、设备安全及与新坝交叉施工的约束，通过多轮方案审查及论证，最终确定采用如下方案：采用汽车吊将老厂桥机内轨道梁、灯具等室内设施进行拆除，随后运用人工方式将屋面防水及混凝土屋面拆除，汽车吊将屋架拆除，用液压锤按上游墙、两侧山墙、下游墙顺序向上游侧方向倾倒拆除。

通过严格执行施工方案，严格现场安全管控，老厂一期、二期电站厂房拆除工程已顺利完成，确保了与新坝交叉施工的安全。

（二）丰满三期电站独立运行改造

1. 老厂出线整理

丰满三期电站独立运行改造工程的目的是将三期电站与老厂间的联络线拆除，保留三期2台14万kW机组，将原松明、松磐2回220kV线路改接至三期侧，接入磐桦地区电网，实现三期机组独立运行。丰满一期、二期机组停产后，老厂侧出线的松东甲、乙线与松南甲、乙线分别对接，其余线路改接到其他变电站或停运。新厂建成后将形成三期220kV系统和（2台14万kW机组）和新厂500kV系统（6台20万kW机组）两个电压等级电站。

工程主要包括220kV开关站、厂用电系统、接地系统等电气一次设备改造及计算机监控系统、继电保护、测控装置、调度自动化、通信等电气二次设备改造，以及土建工程施工。

2. 信息系统、通信系统过渡改造及割接

丰满重建工程先行开工新建生产控制楼，将水情、水调、气象、通信、信息系统机房及生产人员迁入使用，并租用部分办公场所，对其进行改造，将管理及后勤人员迁入使用，确保了丰满发电厂的正常运转。

改造过程中，在新生产控制楼建设中心机房，在各临时办公地点建设过渡机房，将原MIS系统顺利移植到新系统，保障了迁移的网络系统、终端设备的安全稳定运行，实现了ERP系统、生产系统、企业门户、自建应用系统平滑过渡，无缝连接。

通过东北电网公司和吉林省电网公司的积极沟通，密切配合，不断优化割接方案，有效降低了通信割接对于吉林省东部骨干传输网和东北区域传输网的影响，充分保证施工期通信系统本身和所承载的保护、自动化等相关业务的正常运行。同时保证了白山电站吉林集控中心、吉林市220kV城西一次变电所等多家单位的安全稳定运行。

以三期电站改造为契机，开启了基建与生产无缝对接的新模式，也为新电站机组安装、调试、运行等生产准备工作积累了宝贵经验。

（三）老坝缺口拆除

为满足新建大坝泄洪和发电过流等要求，需对原大坝进行局部拆除。确定原坝缺口拆除范围为：老坝 6～43 号坝段，共 38 个坝段进行坝段缺口拆除，总长 686.0m（防护后净宽 684.0m），坝顶高程为 267.70m，缺口底面高程为 239.90m（防护后底面高程为 240.20m），按施工总进度计划，老坝拆除已于 2018 年冬季施工。

（四）老坝监测系统过渡改造

新坝施工期间，对于可能的超导流标准（大汛 20 年重现期）的洪水，老坝溢流坝开闸放水，新坝坝体缺口度汛，新老坝之间水位抬高，老坝排水通道被淹没。如果老坝基础廊道出口密封出现严重渗漏，老坝基础廊道内的安全监测设施会受到水淹。针对上述工况实施了改造方案，主要是对坝基真空激光准直系统的测点箱和真空管道采取加固措施，防止因浮力过大导致测点箱及真空管道出现漂浮、损坏现象，同时更换测点密封圈及测点控制模块、真空泵控制装置等，自坝基接收端至坝顶接收端铺设一条单模光缆，将 CCD 摄像机的图像信号及通信信号接入采集工作站，实现自动采集。

（五）施工期水库调度系统改造

丰满重建工程开工后，由于机房通信通道被切断，原水情水调自动化系统和气象预报系统无法继续使用，需要搬迁。而且，由于老厂 10 台机组拆除、新建泄洪兼导流洞投入使用改变了原有水库调度基本条件，原有水情水调自动化系统已无法满足工程建设施工期对该系统的使用要求，为此，在丰满重建工程开工之初，首先对以上系统进行了过渡改造。2015 年 3 月，丰满重建工程施工期水情测报系统、水库调度系统和气象预报过渡改造工程项目顺利通过完工验收并正式投入运行。

五、施工对周边环境的影响

丰满重建工程地处 AAAA 级风景区，征地移民工作难度大，环境污染敏感度高，补偿标准期望值过高。丰满重建工程紧紧依托地方政府，成立专门协调工作组，结合地方政府管理规定，认真履行工作程序逐步推进，目前工程进展顺利。

六、总结

（1）新坝建设期间必须采取措施，与生产运行单位密切配合，使新、老机组基建和生产无缝连接，做好强弱电系统割接及生产准备等相关工作；确保原电站安全稳定运行。

（2）在前期设计工作和施工过程中，要尽可能详细掌握原有建筑物、设备、设施及埋管、埋线等全部资料，实施好过渡改造项目，保证施工不会影响电站正常运行及工程安全。

（3）协调好与发电、防洪和供水的关系，密切配合水库调度部门，发挥水库调度在防洪度汛中的作用，保证工程安全度汛，承担起保障下游供水的社会责任。

（4）工程地处原有厂区和 AAAA 级风景区，要尽量减少施工临时征地，认真落实各项环保、水保措施，将对周边环境造成的影响降到最低，做到工程建设与自然环境的和谐统一。

第二章

智 慧 管 控 工 程 应 用

第 一 节 工 程 可 视 化

一、概述

　　智慧管控系统中的工程可视化是一种基于全球广域网（World Wide Web，简称Web）的可视化综合决策支持系统。该系统在施工过程中为专项监控评价、项目管理专题、综合决策分析三个层面集中提供决策支持信息。系统利用国家、行业、企业标准建立模型，实现过程监控数据、试验检测结果、质量验评结果的自动评价；基于数据仓库、联机分析处理（Online Analytical Processing，简称OLAP）等数据技术进行统计分析和挖掘；基于施工过程模型进行施工仿真与分析；将传统的图表数据展现与动态三维模型技术相结合，最终通过Web提供三维可视化决策支持服务。

　　工程可视化是依托动态三维模型技术，将实际施工过程中涉及的工作内容数据进行统一整合与立体展现，利用现代虚拟仿真技术实现对施工的全过程方案进行模拟推演，使参与施工的各方能够直观掌握工程施工进展情况并及时发现和解决相关问题。工程可视化是使得过程管理更为透明、更为有效的一种管控手段。

　　丰满重建工程智慧管控系统在工程可视化版块的构建过程中，着眼于及时发现并有效解决施工中的方法、方案、进度、质量和安全等问题，预先将实际施工过程中涉及的工程量计算、技术交底、施工方案、安全措施、工程监理、施工验评、实验检测、施工进度、工程结算等数据统一整合，同时将业主单位、设计单位、监理单位、施工单位全部纳入，使可视化技术在工程建设管理中发挥出了现阶段其他管理手段难以比拟的重要作用。

二、工作内容

　　工程全寿命周期大致可以分为决策阶段、实施阶段和运行阶段。智慧管控系统中的工程可视化工作主要涉及前两个阶段。

（1）决策阶段的主要工作内容是确定项目的组织结构模式、建设目标和任务及落实建设资金。

（2）实施阶段可分为施工准备、施工建设、生产准备。在施工准备阶段，建设单位（业主）的主要工作，就是依据已获得批准的可行性研究报告，组织参建单位开始实施建设前的准备工作。其中的主要内容为：对科研阶段的设计成果进行细化，组织设计单位开展招标设计，对枢纽总平面进行布置。在此基础上，再对施工总进度计划进行分解和细化，组织设计分标方案，编审招标文件，准备开展招标。在这一过程中，还需要办理移民征地手续，实施道路交通和风、水、电、讯和场地的"四通一平"，开展以安全、质量、进度管控为主要内容的项目策划等准备工作。

在施工总平面布置阶段，根据具体的施工方案，需要完成施工道路、拌和系统、弃渣场、施工场地、供（排）水系统、供电系统、供风系统、网络覆盖、施工设备布置等工作。这些设备设施、施工现场难免会出现交叉和重叠，这种状态在平面图上又难以直观反映。而采用动态三维模型进行立体布置，可以实现碰撞检测，优化布置方案，同时还可以借助系统查找一些在平面布置上不容易被发现的问题，从而以便决策者制定出更优化的施工方案。

三、传统管理模式存在的问题和难点

在水电工程规划立项阶段，包括选点、预可行性研究、可行性研究审查在内的前期工作庞杂而繁重。传统的管理方法在效率、效果等方面，已越来越难以满足现代工程项目发展的需要。而对类似于丰满重建工程的项目来说，这个阶段一般要持续5～10年。此阶段的主要成果是相关专题报告和技术图纸的形成。在这一阶段，因为管理人员相对较少，上述工作通常需要依赖外部合作单位承担，投资人的主要工作就是通过各种专题会议，将工程项目的功能需求落实在不同的设计报告中。因为这一阶段时间跨度较长，参与的单位、人员难免会发生变化。由于新接手的单位和人员要在较短时间内掌握设计报告的主要内容，并根据报告内容开展工作，这在时间成本和费用成本上都是一个难以回避的问题。

而基于动态三维模型系统的可视化技术则以关注工程项目建设的重点难点为导向，突出了前沿理论研究，着重于智慧管控功能，有效地解决了这一问题。

从施工准备阶段到施工过程中，不同的施工道路、施工设备是随着工程进展逐步部署在现场的，施工单位也是根据相应的条件组织施工的。而这些情况，在平面布置上根本难以体现，如果仅仅依赖于平面布置，就无法实现实质性意义上的科学施工。如，2017年原计划在上游布置2台门机，其中1台计划从下游拆移到上游，而在实际进展中，上下游的工程在2017年还未完成。若采用动态三维模型，便可根据施工总布置和施工总进度的安排进行可行性的分析，将这些情况直观动态地反映出来，管理者就可以根据现场实际情况另行考虑解决办法。

在施工建设阶段，管控对象由标段细化分解到具体的施工管理单元后，管理业务变得更多、更为具体，实施过程中产生的信息种类、数量也相应增多。在一个大的建筑物或设

备上集成如此多的信息，往往难以实现有效利用。因此，需要将一些具体的信息与管控对象关联起来。让信息分层，并与具体的管控对象一一对应，即，将统计汇总的信息与标段相关联、具体的施工过程信息与施工管理单元相关联，以供不同工程类型的管理人员使用。这一阶段的信息来源多样、种类繁多，既有系统前期集成的信息，也有不断产生的实时信息，而这些信息又相互作用、彼此关联。

四、功能

在水电工程规划立项阶段，可视化技术通过接收设计信息，将包括地形地貌、大坝、厂房、机电安装模型、切分单元在内的工程全景全貌等信息集成于动态三维模型系统，并将其与相关的各类信息同建筑物、设备等具体对象结合在一起，使建筑物、设备与地形地貌在空间和时间上建立起直观的联系。一旦需要了解上述某项具体情况，便可在可视化系统上获取它们所处的方位、实时状态和主要参数。

在选点规划阶段，通过系统内集成项目规模、投资、特征、技术参数，以及不同时间节点的项目数量和位置，最终实现地图与沙盘动态三维模型的形成。这些信息在动态三维模型中，可以进行碰撞设计，并可向使用者直观地展示布局是否合理、结构是否科学、色彩搭配是否得当等问题。当管理者需要了解项目全貌时，只需通过地图调取项目进展情况，便可迅速获取相关科目的准确信息。

在预可行性研究、可行性研究报告审查阶段，可将不同阶段的项目方案、设计报告、审查意见进行整合，建立起动态三维模型，并在模型上集成方案、报告、意见的主要信息，同时将包括部位、结构、技术参数在内的修改和调整内容一并集成在系统内。当需要调取某一科目的基本情况时，相关信息就会在模型上突显出来。

在方案比选阶段，动态三维模型技术同样可以发挥重要作用。一般情况下，一个项目都有三个或三个以上的预选方案，内容包括总布置图、主要建筑物形式、功能参数等基本内容。在实际比选时，借助动态三维模型技术，参与比选人员通过调取系统内的设计报告、技术方案、功能参数要求等信息，对照参选方案的实际条件，综合考察多种因素就可抉择出最佳方案。在工程项目被核准以后，这些动态三维模型和相关信息还可以移交至下一个阶段，以供后续管控时进行有效利用。

可视化技术将某一阶段的某一标段（建筑物、设备）作为管理对象，并围绕具体管理对象开展信息集成，同时提供直观、快捷的信息获取方式，使工程信息更丰富、更具体、更有针对性，使信息传递渠道更通畅、更便利、更有效率，进而满足该阶段的信息化管理需要。

比如在标段划分上，可视化技术可以在动态三维模型中以不同颜色将标段划分区分开来，并直观地展现出各标段之间交叉和遗漏的部分。特别是设备采购招标时，动态数据不仅可以反映出哪些标段应该在什么时间进行招标，而且可以及时发现设备遗漏问题，并提醒管理者尽快弥补遗漏项，在管控层面化解了影响工程进度的不利因素。

可视化技术通过实现工程总体策划，还可以辨识工程施工安全、质量控制的重点和难点，并将这些信息集成于三维模型的具体部位，提醒相关人员切实关注并使用这些信息，同时根据实际情况及早制定应对措施，在具体工作过程中就可以有的放矢和科学掌控，进而变被动为主动。

施工建设阶段一般以标段来划分管理范围，对标段工程进行独立管理。这个阶段的管理对象，已经具体到施工管理单元❶，所以在这一部分，动态三维模型将会在独立场景中进行管理。监理单位对标段进行工程划分编制时可通过模型进行直观分析，业主也可以根据分析结果直接提出具体建议，可视化标段工程如图 2-1 所示。

施工建设阶段，可视化系统可以将这些零散的信息通过加工处理，变成简单、直观的可利用信息，及时准确地提供给相关管理人员，并在系统内实现"四个可视"。

（1）目标可视：在这个层面，可视化系统通过将安全、质量、进度计划细化分解为具体的单项指标，再落实到具体的施工管理单元上，然后将这些信息置入动态三维模型，让上述信息在空间和时间上关联起来。比如在安全管控上，系统不仅集成了阶段性目标，同时将不同时间、不同施工部位的风险点及预控措施一并纳入；在质量管控上，系统集成了阶段性管理目标和相应技术标准、设计指标和主要参数；在计划管控上，系统依据相同原理集成了计划节点工期、单元基本信息和仓面设计信息，并依据经过细化的施工管理单元生成动态三维模型，还可将目前的进度和总体目标、年度目标进行比对，直观展示当前进度与目标状态的差距。在系统内随机调取一个管控项目，即可获得这个项目的目标信息。

（2）管理可视：可视化系统在集成安全、质量、进度计划等综合管理信息的同时，还通过视频系统、移动安监等设备，将现场安全隐患排查、文明施工管理、反违章、质量检查、质量缺陷处理、工程会议要求落实情况等动态信息，实时、直观地传递到动态三维模型系统。管理者通过点击具体施工部位，即可掌握该部位的现场管理动态情况，可视化管理如图 2-2 所示，并根据实际情况发出相关指令。

（3）过程可视：视频监控系统全方位采集了现场原材料试验、混凝土拌和及运输、碾压混凝土施工、温控防裂（温度采集、智能喷雾、智能通水冷却）、施工进度、混凝土试验、设备到货情况、设备安装施工等施工全过程影像。管理者通过动态三维模型系统，可全面了解现场动态信息，发现任何一个部位未按安全操作规程、质量控制标准和计划进度组织施工，均可进行实时纠错。

（4）结果可视：通过对施工现场的全方位可视化管控，质量验评、进度完成情况、现场总体面貌、反违章闭环管理情况在系统内部可生成完整的统计台账，从而形成完备的工程资料。只需登录系统查看某一管理单元，该单元本阶段的管理结果便一目了然。而且，系统对照先前置入的计划、方案、标准，经过综合分析现场组织实施、管理措施、检查评价、实际效果等情况而计算得出的结论，即可实时生成真实可靠的工程档案资料。

五、作用

在水电工程规划立项阶段，可视化技术应用之前，管理者需要上述信息，主要途径是通过看报告、图纸。那时，管理者头脑中各个主要节点的面貌是什么样的，当期的主要工

---

❶ 施工管理单元是指工程项目划分后最小的综合体，是基本的管理对象，与单元工程的定义类似但不完全一致。土建工程一般与单元工程一致；机电设备安装的单元工程比较大，一般 1 台机组作为一个单元，下面还分为工序。这里的施工管理单元对土建工程是指单元工程，对机电工程是指工序。

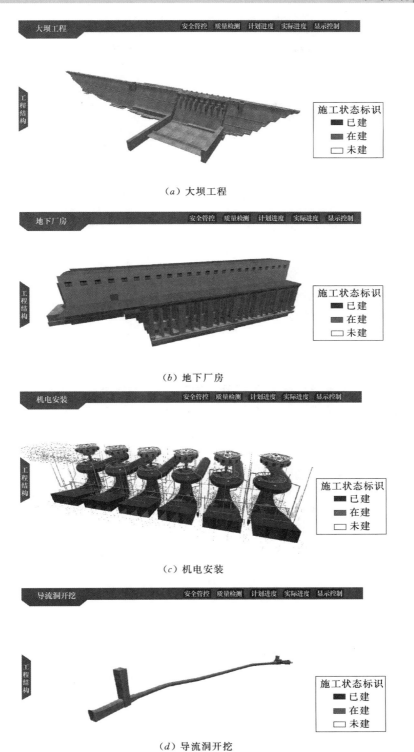

（a）大坝工程

（b）地下厂房

（c）机电安装

（d）导流洞开挖

图 2-1 可视化标段工程

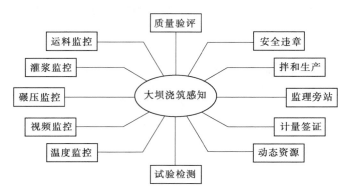

图2-2 可视化管理

程量是多少，特征参数有哪些，基本都是想象的结果。在二维技术时代，工程的全景面貌、计划进度、动态进度、粗线条进度，以及总进度的合理性、进度之间的搭接等情况，在进度图（横道图、网络图）上难以实现直观展示，许多矛盾很容易被忽略。特别是各个具体部位的施工强度、材料供应强度、工程量计算等数据，都需要人工来实施。而这些数据还会随着时间的推移而发生变化，如果遇到方案调整或现场情况出现异常，则必须重新进行计算。这之间的人力、物力、时间成本均不可小视。而可视化技术的全面应用，使这些难题都迎刃而解。

在施工准备阶段，可视化技术的先进性已越来越被参建单位所认同。比如，进入施工实际准备阶段之后，规划阶段的设计单位与招标设计、施工图设计阶段的设计单位很有可能发生变化，运用传统的方式传递信息，则无疑会发生传递不准、传递不畅、传递不及时等问题。而运用可视化技术，将规划确定阶段接收的信息集成在动态三维模型上，就可准确、顺畅、及时地将相关信息传递给本阶段不同的设计、建设、监理等参建单位。

从施工总进度计划的掌控方面来说，运用动态三维模型技术进行计划推演，可以将大坝、厂房、洞室、主要设备的施工进度项分解到按月度来衡量。通过三维模型推演，可以查找进度计划中可能存在的不合理搭接。比如，在工序衔接过程中，很多计划相互交叉重叠，如果各施工类型的实际进度按照理论设计的原则环环相扣，循序推进，则各种矛盾就不会出现。但事实上，因为多种因素的制约，现场实际进度与理论设计难免会出现偏差。以与大坝相邻的厂房基础施工为例，通常情况下，需要等厂房基础开挖完成后才能安排大坝混凝土施工。如果等到进入大坝混凝土施工阶段，厂房基础开挖却没有完成，此时，通过动态三维模型直观显示这一状态，就可以提示管理者及时采取应对措施，而这正是动态三维模型技术的优势所在。

第二节 视 频 监 控

一、概述

为满足对施工场地的安全和管理需求，建立施工视频监控系统。采用先进的计算机网络通信技术、视频数字压缩处理技术、视频监控技术和安全监测技术，实现丰满重建工程施工区域全覆盖。

二、工作内容

视频监控的主要工作内容包括：对工程项目施工现场的重点环节和关键部位进行监控；对施工现场操作状态进行监控；对施工操作过程中的施工质量、安全与现场文明施工和环境卫生管理等方面进行监控。

视频监控通过对工程项目施工现场上述几个方面的监控，起到了对施工过程应有的监督及威慑作用，增强了有关部门对项目施工现场工程质量、安全方面的监管力度，能减少、防止和杜绝质量与安全事故的发生。

三、传统管理模式存在的问题和难点

基建现场的安全管理通常是靠施工人员的自觉性和监理人员的监督来实现的，但是由于施工现场作业面大，环境复杂，作业人员多，对生产调度与施工质量、安全方面的管理带来了一定的难度，加之现场的施工管理工作量很大，运用常规的监督管理方式很难面面俱到，进而易引起施工质量和安全事故。

四、功能

由于视频管理源于安防监控，因此，整合后的现场视频监控管理，为工程项目施工现场管理系统增加了安全保障能力，使新的视频监控管理系统具备更强的管理功能。

现阶段视频监控系统在工程项目施工现场的监控管理与应用方面，主要表现在能直观地加强对项目的现场施工管理与应用，使管理部门能随时随地直观地视察现场的施工生产状况，促进工程项目施工现场质量的提升，加强安全与文明施工的管理。

对各个重点环节和关键部位安装监控，运用视频监控系统监控人员就可以对施工现场实施监控，不仅能够直观地监视工作程序是否标准、工作手段是否安全，及时发现安全事故，并采取措施进行预防，还能通过24h的监控，预防材料和设备的丢失，从而提高工地的材料安全性。借助信息化手段，能够全面系统地了解工程进度、物资设备、人才组织等方面的信息，管理人员更能够根据视频监控系统提供的第一手资料作出准确的判断与决策。

利用视频监控系统，监控人员可以直接对施工现场情况进行实时监控，不仅能直观地监视和记录工作现场的施工质量、安全生产情况，还能及时发现施工的质量、安全事故隐患，防患于未然。同时，通过施工现场视频监控管理系统，建设单位、监理单位和施工单位管理人员能够随时随地查看工地施工情况，掌握工程项目施工进度，并能实现远程协调、工作指导，从而减轻建设单位现场监督检查的工作量，提高工作效率和管理水平，既加强了工程项目的施工管理，又能有效地节约施工管理费用。

工程建设过程中，施工现场电子视频监控管理系统除能提供现场施工管理过程中的直观情况外，还能有效地对工程项目施工进行可视化管理，更可以在现有的管理系统中整合视频管理元素，做到"动静皆管"的立体管理，并能借助现场视频监控管理系统来加强工程项目的施工生产进度管理。

五、作用

1. 视频监控在施工现场管理中的作用

（1）视频监控系统记录了现场施工情况。通过对录像内容的整理，使每日现场安全例会内容不再空洞，更加具有针对性和可操作性。

（2）增加了安全监控的范围。由于现场作业点多面广，经常出现安全隐患及违章行为无法及时消除的情况，从而引起或造成安全事故的发生。通过视频监控系统对重点环节和关键部位进行监控，可有效增加监控面，能及时避免安全隐患及违章行为发生。

（3）可作为安全奖罚的重要依据。安全奖罚是目前安全管理的重要手段之一。在施工现场中，经常会因安全奖罚而出现争执。而电子视频监控录像资料的存在，可为安全生产的奖罚提供重要的依据。

（4）班组安全活动是施工现场安全管理的一项重要内容，其形式主要是由各施工班组对几天工作中的安全情况做一小结。通过组织工人观看现场电子视频监控录像，可使班组安全活动进行得更生动，对工人的安全教育更实在、更具威慑作用。

2. 视频监控总体发挥的作用

（1）实现了有效的远程监督。视频监控系统拥有强大的 360° 调转角度、放大等功能，监控覆盖面广，可以实时对施工现场关键岗位监督人员的到位情况、作业人员违章行为、重大危险源控制措施落实情况、文明施工情况、责令停工整改项目等安全管理各个环节进行远程监督，进而加强了监管人员对现场各个作业面的把控力度。

（2）实现了现场突发事故及严重违规违章现象的可追溯。施工现场环境复杂、作业面广、交叉作业多、人员车辆流动性大。传统的安全监管单纯地依靠现场专职、兼职安全员，对于违规违章行为的纠察无法做到面面俱到，对于突发的事故往往也反应不及，且在后期的调查处理过程中也存在着很多局限性。而通过对视频监控系统的运用，可以灵活地调整监控范围，各个视频监控点均具备录像功能。在无法进行及时检查的情况下，可在监控录像中找到事发当时的现场实际情况，从而便于调查原因，及时进行纠错与总结，彻底消除隐患；也可以将视频进行存档，作为现实的典型案例，用于以后的违章教育培训。

（3）极大程度地提高了现场作业人员的警惕性。传统监管模式下，往往是"违章不一定被抓到，被抓到也不一定有证据"的模式，作业人员普遍存在侥幸心理。由于作业人员的安全意识淡薄，思想放松警惕，造成了很多违章行为，直接导致了事故的多发。在结合了视频监控手段的安全监管下，可在很大程度上打消作业人员的侥幸心理，间接实现安全监管的关口前移，将事故掐断在萌芽阶段。

第三节 移 动 安 监

一、概述

移动安监是通过移动互联、手持智能终端、智能感知、智能识别等现代信息技术，对现场安全和质量智能化管理的一种手段。可对线下现场施工涉及的人、机械、违规作业等信息在线上进行管理及快速查询，并可通过对现场质量验评、安全管理、监理旁站等施工管控业务的研究，为工程建设施工管理提供智能化管控手段，从而提高线下现场施工管控水平。同时，通过线上移动互联应用实现工程建设管理人员和各参建单位的有效沟通，打破地域限制的瓶颈，实现各方管理业务协同，提升现场沟通管理效率。

二、工作内容

通过工程现场资源创新管理手段，可实现对现场施工人员、农民工、管理车辆、施工机械等资源的统一管理，利用二维码、移动互联等技术可实现对资源进行登记及专属工作牌的制定，并通过移动设备实现对现场资源的实时检查、动态查询，加强现场分包管理，降低施工单位人员存在的流动性强、素质不高等问题，促进承包商履约管理能力及施工现场管理能力的提高；通过智能化移动巡检手段，可辅助管理人员进行现场安全管理、安全隐患和安全违章查处，对现场施工安全问题进行实时发现和记录、通知和整改，以及实现各参建单位安全检查整改回复互动，从而强化现场安全保障。

三、传统管理模式存在的问题和难点

随着丰满重建工程建设持续地展开和规模的扩大，施工现场点多面广、安全管理人员少，管理难度增大；加之参建队伍逐渐增多、施工人员数量大，这些问题对现场人员、车辆、设备、仓库等强化管理开始提出更高要求；砂石料拌和系统、液氨制冷系统、钢管加工系统、砂石料生产系统大型设备设施多，大型施工车辆使用频繁；爆破、开挖、高空、动火、浇筑、脚手架、门塔机群等作业交织交错；工程还涉及丰满发电厂一期、二期设备设施的拆除、丰满三期电站的安全稳定运行等问题，安全管理局面复杂。为防范项目建设中的安全风险，增加管控措施，加大管控力度，提高项目建设安全管理水平势在必行。

四、功能

1. 专项检查

系统中可发起有针对性的安全专项检查。在检查中发现的问题，统一汇总到监理单位，再下达整改处理通知，最终由责任单位根据接收到的问题来填写整改完成情况。本模块围绕问题整改通知单，实现对问题的闭环跟踪处理。

专项检查管理相关功能的业务流程为：整改通知→整改申请→整改验收，可自定义专项检查名称及类型。

2. 常规检查

系统中可发起某个安全常规检查。在检查中发现的问题，统一汇总到监理单位，再下达整改处理通知，最终由责任单位根据接收到的问题来填写整改完成情况。本模块围绕问题整改通知单，实现对问题的闭环跟踪处理。

常规检查管理相关功能的业务流程为：整改通知→整改申请→整改验收。常规检查的名称及类型可在页面内通过数据字典进行相应的选择。

3. 安全通告

对安全通告进行管理，可接收系统发送的安全通告内容，并自动设置阅读状态，使现场相关人员在第一时间阅读到通告内容。

4. 亮点推广

对在检查过程中发现的安全质量管理的亮点和创新点可及时进行表扬和推广，在树立样板的同时可让更多的参建单位了解和学习，从而提升工程质量。

5. 违章曝光

通过建立违章曝光，将在安全检查过程中发现的一些重大或典型安全隐患进行集中编辑，并通过曝光台的形式，通知所有施工单位进行查看，从而避免在后续的施工过程中再犯同类型的错误。

6. 一分钟预想

施工单位在开始施工前，针对施工风险，需要开展一分钟预想的会议。该功能将一分钟预想内容快速上传至服务端进行保存，可上传文本、图片、视频等内容。并可对一分钟预想的内容进行查询、维护。

五、作用

移动安监智能管理平台，融合了物联网技术、无线网格网络（MESH）无线网络技术、智能移动终端、虚拟专用网络（Virtual Private Network，简称 VPN）、数据库同步、身份认证及 Web Service 等多种移动通信、信息处理和计算机网络的前沿技术，以专网和无线通信技术为依托，使得系统的安全性和交互能力有了极大的提高，为用户提供了一种安全、快速的现代化移动安监机制。

1. 实现施工现场检查与整改的闭环流程管理

在规范施工现场检查整改管理业务的基础上，从检查任务的管理、现场检查、问题整改、问题关闭到统计分析等环节建立闭环管理流程，从而实现对检查表格、检查项目、管理流程、表单的固化，最终满足了松花江水力发电有限公司丰满大坝重建工程建设局（以下简称"丰满建设局"）的施工现场管理要求，满足了决策层、管理层、操作层相关人员的工作需求。

2. 实现安监管理信息化向施工现场的延伸

移动终端设备应用软件（APP），通过与后台服务端系统进行接口集成，在移动端可实现施工现场检查、问题整改、工作日志、统计分析等功能，也可在开展检查的同时进行拍照，并能通过无线局域网将数据同步到后端服务系统。

3. 推动安全管理工作的系统化建设

移动安监的设计基于该工程安全管理工作的实际开展情况，系统地梳理了日常安全工作的各项主要内容。从人员设备入场到安全规章制度、操作规程、应急预案等内业资料的建立，再到定期的检查考核、班组活动，既可将各个管理关口进行分解细化，分层分级，同时借助智能平台的便捷，又搭建起了安全管理工作的主体框架，最终使得在日常填充过程中的整体思路清晰，分类明确，继而有效推动了工程安全管理工作的系统化建设。

4. 实现安全生产可视化、痕迹化管理

在水电工程施工中，传统的安全管理部门不同于工程技术部门。对于工程技术部门来说，工程技术中的每项作业任务有标准、数据、实验作为依据，有设计、图纸、方案作为支撑，现场实际的施工成品能实实在在地摆在眼前，每个环节都相对是可视的，有痕迹的。而传统安全管理的大量工作是在施工现场与一线工人直接接触。随着近几年水利行业、电力行业安全生产标准化达标评级工作的全面推进，安全管理的内容也更加的丰富、执行的方法也更为规范，但是也存在着内业资料与现场管控对接过程间的错位和空白点，存在着安全系统管理环节的漏洞和盲区。借助移动安监平台的随时录入、随时查看，安全管理日常工作中便可借助文字、照片等形式来记录管理过程，继而在整个工程生产周期中形成一点一滴的管理痕迹，最终取得了实际的、可视的安全管理成果，丰富了安全生产经验的数据库，提供了翔实、可追溯的现实样本。

5. 对安全管理主要环节起到积极辅助作用

各单位若存在员工和设备入场、退场的情况，在管理平台中登记更新，并形成二维码，便于在日常检查过程中扫码识别。各班组每日可上传当日本班组的班前一分钟预想活动的照片及文字记录。

涉及新员工入场、新施工内容开展、重大风险作业的项目，在交底当天，点开"安全交底栏"，便可及时上传照片、交底签字记录。

各管理人员每日工作期间，点开手机移动安监"待办事项栏"，便可关注监理单位、丰满建设局日常检查过程中下发的整改通知，自觉完成责任区域内的违章整改工作，并在规定时限内将整改照片记录上传、完成回复。

移动安监智能管理平台中的"违章曝光栏"能够使丰满建设局、监理单位在检查过程中发现恶劣违章行为、重大风险隐患。同时还能督促各单位加强日常安全监管，规范员工安全作业行为，及时消除施工隐患，早发现、早报告、早解决，避免因违章曝光造成恶劣影响。

"亮点推广栏"为工程安全管理亮点宣传平台，借助此版块，各单位在日常安全管理工作中可拓展思路，并针对现场风险管控、文明施工等内容提供合理建议，采取有效措施，更能够使各管理员积极反馈、吸取经验、研究推广。

以上各个板块覆盖了日常安全管理工作的主要环节，通过这些记录功能，有效扫除了传统安全管理模式的死角。移动安监平台的建设对每个个人、每台设备、每个班组、每个单位在安全生产活动过程中需要执行的步骤和要求予以明确，极大地节约了安全管理人员的精力成本，提升了落实效果，完善了工作内容，起到了积极的辅助作用。

6. 提升一线管理人员对安全工作的深入认识

传统工程前期的安全管理工作，主要依赖项目部级别的专职安全管理人员的指导和落实，一线班组的负责人、安全员的积极性并未得到很好的调动。主要的安全工作内容也集中在项目部安全管理归口部门的档案资料中，一线的作业班组所进行的日常安全工作开展没有充分体现出来。对此，一方面由于受到以往整体施工环境和员工素质等因素的制约，目前多数作业层人员没办法很好地适应。另一方面，更主要的也在于一线的班组长、安全员并未亲身参与到项目部安全管理的具体工作中，对于安全系统管理没有概念，缺乏认识，无法主动地开展工作，对于上级指派的任务也容易产生不理解甚至是抵触的情绪。

平台中的"常规检查"与"专项检查"作为丰满建设局、监理单位在本标段的各项检查记录汇总平台，各级管理人员可以随时查看，可对检查中发现的问题有则改之、无则加勉，总结习惯性违章规律、重点隐患项目，并及早采取预防措施，避免重复发生。同时，借助项目部安全管理业内资料在移动安监平台的"安全台账"中实时更新，可提供随时随地的查看学习，了解该项目安全管理体系，并有效地指导日常安全工作。

移动安监平台借助手机通信工具的普及，为一线班组管理人员提供了便捷的接触与学习通道，大家都可以像点击 APP 一样进行简单的操作，都可以像浏览新闻一样随时关注该工程安全生产管理的动态，甚至可以了解和学习现成的管理体系内容，通过亲身参与，结合实际，对安全生产管理得到更深入的认识，从而在以后的安全素质提升和实际管理中发挥不可估量的作用。

第四节 人员定位系统

一、概述

施工安全是现场施工管理中的重要方面。健全工地安全管理制度，严格控制并禁止无关人员进入工地，确保应该退场的人员及时、安全、正常的退场，是施工安全管理中的重要内容。

二、传统管理模式存在的问题和难点

丰满重建主体工程为重力坝坝体施工，现场施工工序交错、人员车辆进出频繁，采用 ZigBee，UWB 方式进行定位由于基站架设位置原因，车辆和相关现场构件的遮挡会造成定位精度的显著下降，难以保证人员位置管控持续有效地进行。

三、功能

1. 定位精度

定位系统可以对各施工区域人员的分布情况分区域实时监测，定位精度在 5m 以内。

2. 实时监测功能

（1）系统软件智能化程度高，界面友好、反应迅速，具有较强的扩展兼容和分析处理能力。

（2）系统具有按部门、地域、时间、分站、人员等分类查询、显示等功能。

（3）实时监测各区域人数。

（4）实时监测当前各部门人员区域分布情况。

（5）实时监测当前某些特殊工种或特殊人员进入情况和所处位置。

（6）实时监测作业人员（车辆）行动轨迹。

（7）支持特定人员的实时跟踪显示。

3. 查询功能

（1）查询任一指定人员在当前或指定时刻所处的区域及行动轨迹。

（2）行动轨迹再现。

（3）选定某一区域即可获得当前该区域的人员信息。

4. 安全保障功能

（1）超时报警功能：一旦人员在指定区域超过规定的时间，系统会自动发出报警提示并提供相关人员的名单等信息。

（2）区域超员报警：特定危险区域超过安全规定人数时，自动报警，能够有效地阻止其他人员继续进入。

（3）设备故障报警功能。

（4）智能电量显示及故障报警功能。

5. 统计考勤功能

（1）施工现场人员实时动态显示。对人员的进入、离开时间，在各区域的停留工作时间等进行记录与统计并动态显示，提供作业人员管理的基础信息。

（2）显示人员确切的进入时间和离开时间，并根据工种（规定足班时间）自动判断不同类别的人员是否足班。

（3）日报表统计每天人员进入时间、离开时间、持续时间，并注明班次。

（4）月统计报表中对每个月进入时间、进入次数（有效次数）、工作班次数等分类统计，便于考核统计。

（5）可单独统计考核某些特殊工种、职务人员的情况。

6. 数据查询功能

系统能对各种记录和数据信息进行长期保存（不少于 30 天），可方便地查询历史记录，并能对各类实时信息和历史信息进行有效的统计和分析。

7. 双向信号呼叫、报警功能

携带标识卡人员遇到紧急情况时，可通过标识卡内集成的发射器向后台发送紧急呼叫。

8. 施工人员的在岗、脱岗监控

将施工现场平面图与人员定位信息相结合，实现施工人员的在岗、脱岗监控。随着工程进度的推进，施工现场平面图可进行同步更新，从而保证定位系统与实际业务的深度融合，提升管控的精准性。

（1）人员定位：对进入生产现场的每个人员进行实时定位，确定人员当前位置，也可实现对某一历史时刻人员位置定位的还原。

（2）人员轨迹跟踪：对进入生产现场的每个人员的实时轨迹进行跟踪监控，并绘制行动路线图，也可以调阅其历史时段轨迹路线图。

（3）人员活动分析：对进入生产现场的每个人员的行动路线图、区域停留时长、活动时间段进行综合分析。

（4）人员考勤：根据人员在工作考勤地点的进入和离开记录，进行实时考勤。

（5）越界预警：设置危险程度警告级别，对进入危险区域人员发送警告，并通知相关责任人进行及时处理。

（6）区域活动分析：对进入区域内的人员、人数、在此区域停留的时长、活动时间段等进行分析。

四、作用

基于卫星定位的全球定位系统（Global Positioning System，简称 GPS）的定位信号是由卫星发射的，故在施工过程中受遮挡的情况较少，定位精度及稳定性也可以满足项目需求。从而对现场施工过程中的人员位置管控起到了有效的监督作用。

第五节　标　准　管　理

一、概述

标准是为了在一定范围内获得最佳秩序，经协商一致并由公认机构批准，供共同使用和重复使用的规范性文件。工程建设的管理对象是实体工程，管理的依据是标准。

标准管理是与工程建设高度关联、不可或缺的管理内容。丰满水电站重建工程标准管理的具体方法，就是在工程划分完成之后，依据整体目标的分解情况，确定每一个小目标的管理标准，并依据管理标准在系统内部实施过程控制、检验检测和分析评价，使工程建设的整体目标始终处于受控状态。

工程建设管理标准包括管理标准和技术标准两个部分。管理标准侧重于如何做事，技术标准侧重于做到什么程度。

二、工作内容

丰满重建工程涉及的管理标准按照级别可分为国家法律、行政法规、部门规章、地方法规、规范性文件和企业规章制度。技术标准可以分为国家标准、行业标准和企业标准。按照强制性等级，又分为强制性标准（强条）和推荐性标准。工程建设涉及的标准很多，丰满重建工程适用的各项标准共有 1000 余项，如图 2-3 所示。

丰满重建工程标准管理的主要业务流程包括：搜集各施工类型的相关标准；辨识其是否适用于本工程，是否为有效版本；发布标准目录清单，提供标准内容以供查阅；定期更新，监督检查标准的执行情况。

在施工准备阶段，先由建设单位组织进行标准的搜集和辨识工作，并发布第一稿目录清单，同时监督各参建单位做好本单位的标准辨识和清单发布。在施工过程中，随着工程的持续进展，标准体系也需要逐步进行补充和完善。因此丰满建设局每年要进行 1～2 次标准体系查新、目录清单发布，以保证标准体系能够满足工程建设的动态管理要求。在此过程中，随时跟踪标准是否继续有效、有无替代版本、有无被废止或被修改等情况。在标准体系应用方面，涉及的参建单位有设计、监理、施工、咨询、技术服务等单位。参建单位根据本单位的工作性质，一般设置一个责任部门或一名专职人员负责标准管理。

丰满建设局在推行智慧管控之前，标准查新工作主要通过互联网在国务院网站进行法

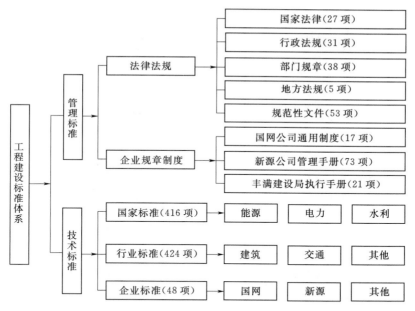

图 2-3 丰满重建工程标准结构图

律法规查新，在国家标准化管理委员会、国家能源局、水利部、住房和城乡建设部、交通运输部等部门网站进行技术标准查新，以确定哪些标准适用于丰满工程。对于国网公司、新源公司颁布的新标准，一般在企业内网中以技术手册的形式发布。负责标准体系管理的工作人员需分阶段对上述信息进行搜集、整理，并在每年年初进行统一辨识后，以正式文件的形式向工程监理单位发布适用标准目录清单。每年年中需组织一次标准查新，并向工程监理单位发布查新结果，再由监理单位将标准目录清单转发给施工单位。

施工单位根据建设单位发布的标准目录清单，对本单位负责建设标段的适用标准清单进行更新后，报监理单位审批。施工单位同时依据其总部传递过来的技术标准更新信息，对项目部的适用标准进行更新。

各设计单位和监理单位总部也设有专门的部门负责搜集、发布标准信息，并将新的标准转发各个工程项目部，各项目部依据新的标准及时更新项目现场所采用的标准。

这种标准体系的建立与更新，贯穿于工程建设的全过程。工程建设每开展一项新的工作内容，都要开展相应的标准搜集、整理、发布工作。例如，工程建设过程中增加一个新的施工标段，在编制招标文件时便会涉及新的标准引用，这时就必须进行新标准搜集。而在整个项目建设中，随时会有一些零散的标准信息出现，也必须相应地完成必要的搜集工作。

三、传统的管理模式存在的问题和难点

因为传统的标准管理手段相对落后，在工程建设过程中，时常会带来以下若干问题。

（1）标准信息来源分散，缺乏集中信息管理系统。传统的管理模式一般都是由管理人员在互联网上查找相关标准，即使管理人员具备较丰富的工作经验，但由于互联网的特性

所致，其查找渠道、方法、路径以及内容取舍也无法保证绝对正确，因而发生遗漏和辨识不准的情况也就在所难免。又因为工程建设、监理、设计、施工等单位都需要使用标准，加之各单位都有自己的信息来源，相互之间缺乏有效的沟通和交流，最终使得各自掌握的信息很难被统一辨识和综合利用，信息资源的作用也因此难以得到最大限度的发挥。

（2）缺乏统一标准系统，信息更新传递受限。标准的最新信息是在工作过程中逐渐积累起来的，国家和各行业每年都会发布多批次的标准，而在实际工作中又难以频繁地对标准进行查新，标准信息更新不及时、不全面的情况时有发生。即使管理人员能够跟踪到最新信息，在传统的标准管理模式中也很难及地时将这些信息传递给所有使用者。

（3）缺乏高效查询手段，标准执行难度较大。工程建设管理涉及的标准数量很多，纸质的标准信息和标准内容查阅起来十分不便，而且需要工作人员花费较多精力去管理此类标准，即便有了标准也难以有效利用。

四、功能

（1）优化标准管理，为建设各方提供统一的标准管理系统。智慧管控系统投入运行以后，建设方及参建方标准管理人员可以将各自搜集到的标准清单和部分标准的电子版单个或批量导入系统，并将标准信息来源（各种标准信息的最新发布与下载网址，包括国务院、国家标准化管理委员会、行业主管部门等发布法律法规、通知文件、技术标准信息的网址）进行保存。同时，管理人员还可将这些标准向各相关方赋予一定的共享权限。通过建立这样一个统一的标准管理系统，能够保证工程建设各方在统一的系统内协同工作，共享和传递各自搜集到的标准信息。

（2）建立标准类别，实现标准体系规范化管理。通过对标准信息按照专业或工作业务类型进行分类（结构化处理），可以实现将标准名称（编号）与工作业务、管理对象建立关联，使标准管理和查阅更加方便。例如，将标准按照施工内容进行分类标识，输入"混凝土"，分类中随即出现与混凝土类别相关的标准。

（3）集成标准信息，实现按分类或关键字快速查询、检索。系统通过置入各种标准信息，并提供多种方式进行标准信息检索，可按照标准分类、或通过关键字进行标准信息检索。系统强大的全文检索功能，可为管理人员提供便利的查询渠道，管理人员可通过标准中的关键字信息进行标准查询。例如，在查阅与岩石开挖有关的标准时，输入"岩石开挖"关键字进行大数据检索，系统便可将与岩石开挖相关的标准信息全部显示出来，便于管理人员查阅和使用。

（4）提供标准清单，使工程建设管理更为高效。系统可以将各个阶段内的标准更新情况形成台账，并根据需要形成完整或分类的标准目录清单。同时，还可实现标准清单、台账和标准内容打包下载功能，为管理人员提供便利。例如，上半年在系统内更新了40个单项技术标准，在半年发布查新结果时，就可以直接从系统中导出，只需简单编辑一下格式就可以直接发文通知，从而进一步提高了工作效率。

（5）方便标准引用，并实现新旧标准对照参阅。工程参建各单位的标准管理人员可以在系统标准清单中，找到本单位所负责标段的适用标准，经过逐一辨识后，形成本标段的适用标准清单，为建设施工提供高质量的标准管理服务。同时，因为水电工程的建设周期较长，在施工过程中经常会出现前期使用旧版标准、后期使用新版标准的情况。系统中除了集成最新的标准信息以外，还保存了被替代和废止的标准历史版本，以方便随时对照参阅。

五、作用

1. 标准信息实时共享

有效的适用标准信息可以通过系统共享，使标准信息得到高效利用，保证了各参建单位在标准使用上的一致性、时效性和正确性，避免了由于工作失误和信息不对称而使用过期标准的情况，降低了管理人员重复查找标准及辨识标准有效性和适用性的时间成本。标准管理人员只需登录系统就可查看最新的标准目录和标准内容，不必再花费时间和精力管理这些标准信息。同时还可以在系统内打包下载各类标准信息，以便在不能登录系统的情况下，仍然可以使用这些标准信息。

2. 标准信息分类存储

标准信息在系统中分类存储，可以实现快速检索并查找所需要的标准。在一些专业会议上需要核实或确认技术标准内容时，可以直接在系统内调出查看，不必随时携带纸质标准。

3. 标准信息来源扩充

管理人员可以随时将自己搜集到的最新标准信息（目录或标准的电子版内容）在系统中更新，并及时将最新标准信息提供给所有的工程建设管理人员。各单位的标准管理人员还可以通过系统来扩大信息来源。因为信息来源不断扩充，最大限度地打破了由于各个环节信息来源的局限性，并降低了因这种局限性而导致的标准使用上的不利影响。

4. 助力参建单位建立标准体系

在智慧管控系统建立之前，参加单位要建立自己的标准体系，需要投入大量的人力、物力和时间成本。而在系统正式运行以后，新入场的参建单位通过这一系统，以及运用系统内先期置入的各类标准信息，便可快速建立起自己的标准体系。

第六节 工 程 划 分

一、概述

工程建设的整体目标确定之后，在进入实施阶段时，需要将建设目标进行分解，即，将工程整体分解为个体意义上的基本单位（施工管理单元）。具体方法就是根据建设需要，依据施工类型将整体目标分解成若干相对较小、且具有可操作性的具体目标。在此基础上，通过促成每一个小目标的圆满完成来确保整体目标的顺利实现。

二、工作内容

水电工程建设中，单元工程是依据设计、施工和质量评定要求，把建筑物划分为若干个层、块、区来确定的。单元工程是由若干个工序组成的综合体，是施工过程中质量评定的基本单位，也是质量管理的基础工作之一。

水利水电工程共由三部分组成，即水电工程（水工建筑物、机电设备）、房屋建筑工程（办公楼、宿舍）、公路工程（道路、桥梁）。其中，水电工程（含抽水蓄能）依据《水利水电工程施工质量检验与评定规程》（SL 176—2007），将枢纽工程划分为单位工程、分部工程和单元工程三级。房屋建筑工程（办公楼、宿舍）依据《建筑工程施工质量验收统一标准》（GB 50300—2013）划分为单位工程（子单位工程）、分部工程（子分部工程）、分项工程和检验批四级。公路工程依据《公路工程质量检验评定标准》（JTG F80/1—2017），划分为单位工程、分部工程和分项工程三级。

新源公司综合以上三个行业的工程项目划分依据，制定了《抽水蓄能电站工程项目划分导则》。丰满重建工程在分部工程下增加了一个单元分组的级别，用于区分不同的施工类型（如碾压混凝土、常态混凝土）。项目划分的主要目的就是用来将不同施工类型所包含的工序进行区分，便于对同类施工单元按照统一的质量标准进行管理。

丰满重建工程的工程划分流程为：由项目法人单位（建设单位）组织监理、设计、施工单位先行进行工程项目划分，即在主体工程开工前由监理单位负责编制整体的工程项目划分表（划分到分部工程），确定单位工程和分部工程的名称、编码以及各自的范围，确定主要单位工程、主要分部工程、关键部位单元和重要隐蔽单元的范围，再经建设单位、上级主管单位（新源公司）逐级审批。

建设单位的工程划分及审批结束之后，施工单位随后根据本单位承建的工程结构特点、时间节点等具体情况，划分单元（分项）工程。这项工作贯穿于工程项目建设的整个过程。

传统的工程划分模式为：单位工程和分部工程在主体工程开工之前，由相关人员按照一般原则和规范要求，参考类似工程的实际经验进行划分。参与这项工作的人员主要包括建设、监理、设计、施工单位的工程技术人员和质量管理人员。信息传递则一般采用文件往来和专题会议等方式。

在施工过程中，经常需要根据工程进展划分单元工程。在单元工程划分时，不同的施工内容均有各自的一般原则。如对于碾压混凝土坝来说，一般是一个混凝土浇筑仓为一个单元。划分单元工程时，质检人员需要掌握单位工程、分部工程的划分情况，避免跨越分部工程或单位工程划分单元。因为碾压混凝土坝比较容易出现跨分部的浇筑仓，在工程划分时，必须掌握单元工程的命名与编码规则，还要了解单元工程编码应该到多少号，以避免编码重复或断号。

以混凝土施工为例，施工单位的工程技术人员需要编制月进度计划，拟定施工浇筑仓的位置和施工顺序，并对每一个浇筑仓进行仓面设计，确定仓名称、编码、高程、桩号、计划施工时间等信息。技术人员完成上述工作以后，再将这些信息传递给质检人员，由质检人员确定单元名称、编码。在实际工作中，因为不少技术和质检人员对单元划分的规则不了解或了解得不全面，经常造成项目划分与单元划分之间的冲突。

三、传统管理模式存在的问题和难点

因为工程划分工作其本身的复杂性，以及相关人员可能存在的局限，传统的工程划分模式时常会导致以下问题。

（1）主体工程开工前，在进行单位工程和分部工程划分时，由于相关人员对工程设计内容掌握不全面，专业配合不紧密，如果再遇上相关工作人员缺乏经验或责任心不强等问题，极有可能发生遗漏，而且这些遗漏在文件或专题会议上通常很难被发现。

（2）由于工作的持续性，必然有一个信息传递的过程。不同阶段的信息需要传递（单位分部划分的结果需要传递到单元划分）；不同的流程需要传递（仓面设计到单元划分）；人员变动交接需要传递等。在信息传递过程中，极容易发生仓面设计到单元划分时高程或桩号不一致的情况。在此情况下，如果上级管理人员在审核时掌握的信息不全面，就无法发现上述错误。

例如，丰满重建工程划分了 46 个单位工程，每个单位工程包含多个分部工程（大坝土建含 16 个分部，大坝金属结构含 4 个分部），这些信息在使用时很容易记错，任何一个环节记错了，必然会导致与之相关的其他工作发生错误。

（3）在施工过程中，随时会发生工程分部调整。例如，大坝土建工程原来只有 5 个分部，施工单位进场后调整为 16 个分部。这时，传统的工程划分不仅很难适应调整后的工作需要，而且会因为规则掌握不全面甚至根本不了解规则，以及信息传递不及时和不准确等问题，造成后续施工质量、施工进度难以把控。

（4）在进行单位工程划分或分部工程划分时，由于没有对应的高程、桩号等具体的边界信息，不同的单位工程（或分部工程）之间是否存在遗漏或重叠问题则很难判断，因此难以对工程划分的准确性与合理性进行分析评价。

四、功能

1. 工程划分管理功能

系统能够实现分级创建或导入单位工程、分部工程、单元分组等信息，包括名称、编码、相关高程、桩号等内容。这些信息在系统中会被质量验评等相关业务管理功能直接引用，避免了信息重复录入。同时，在创建工程划分时，系统基于三维动态建模技术，工程划分信息可自动形成三维模型，并对部位信息进行校核，及与多部位模型间碰撞检测，以检查不同级别的划分结果是否存在重叠或遗漏。

2. 单元工程创建功能

在单元工程创建过程中，系统可实现在部位下新增单元工程信息。单元创建时系统根据单元所在部位，自动给出部位相关仓设计列表，实现单元工程创建过程的仓面设计基础信息（如高程、桩号、主要工程量、计划工期等）自动关联。系统还会通过位置信息自动判断本仓是否存在跨分部情况，自动提示质检人员是否将跨分部的仓拆分成多个单元进行管理。

单元工程创建时，系统还会根据命名规则，自动生成单元工程名称、编码信息，并提示质检人员单元划分的原则，最终由质检人员检查系统自动生成的单元工程名称、编码、所属单位、分部和单元分组、高程、桩号等信息是否正确，并可同时进行信息调整。对于单元工程创建，系统也会生成三维模型，并进一步检查其部位信息是否正确，与相邻单元之间是否有重叠或遗漏等情况，进而帮助管理人员进行单元工程有效划分管理。与此同时，系统还会根据单元工程所在的分组，自动与此类型施工质量标准进行关联。例如，碾压混凝土分组内的单元会自动关联与碾压混凝土施工相关的质量标准及验评表格式。

3. 工程划分查询功能

系统根据预先建立的工程划分信息，可形成项目划分树状结构，并按某一划分层次或某种施工类型等不同方式进行模糊查询、统计项目划分信息，同时支持对信息整体或部分导出、打印。

4. 工程划分版本管理功能

系统可实现工程划分信息的版本管理，在工程建设过程中，系统可根据工程实际情况来实现对工程划分不同版本的保存功能，并能够对历史记录进行查询。

五、作用

1. 避免人工创建工程划分管理错误和数据重复录入

通过系统建立单位、分部、单元分组、单元工程的基础，使得信息一次录入、重复使用，大大减轻了工作人员的信息录入量。同时，系统可自动向其他管理业务推送工程划分信息，这使得信息使用更加准确，并保证了各业务管理项目划分信息使用统一，从而便于信息集成。

2. 三维动态建模技术有效支撑工程划分

在创建项目划分时，系统能够进行碰撞检测，检查并分析工程划分创建或调整时是否存在重叠或遗漏的情况。在单元工程创建时，能够根据仓信息自动判断是否存在跨分部情况，并提示质检人员合理拆分单元工程，继而避免发生单元工程跨分部而影响分部工程质量验评数据统计等情况。

3. 提供多维度的查询统计

系统能够帮助管理人员迅速找到所需要的工程划分结果，解决传统工程管理过程中工程划分信息分散、凌乱等问题，提高工作人员的管理效率和准确度。

4. 为施工管理人员提供辅助管理手段

在单元工程创建时，系统根据相关规则自动生成单元工程编码，进而有效防止编码断号或重复。同时，通过系统对单位、分部、单元分组的名称或编码进行调整，调整结果可直接关联到下一个单元工程，避免人工调整导致单元工程的所有记录需要全部推倒重做的情况，降低工作量的同时可提高工作效率和准确率。

第七节 质量验评

一、概述

质量验评是检验与评定的简称。质量检验是指通过检查、量测、试验等方法，对工程质量特性进行的符合性评价。质量评定是指将质量检验结果与国家和行业技术标准以及合同约定的质量标准所进行的比较活动。《水利水电工程施工质量检验与评定规程》（SL

176—2005）广义上包括枢纽工程竣工验收、阶段验收、单位工程验收、分部工程验收、单元工程质量检验和评定。

枢纽工程竣工验收和阶段验收一般由政府行业主管部门组织（丰满重建工程由国家能源局组织验收），各参建单位都是被验收的单位，需要提交专题报告、备查资料，形成的结论作为验收报告。

单位工程和分部工程验收由项目法人单位组织（丰满重建工程的单位工程验收由丰满建设局组织，分部工程验收由监理组织），设计和监理单位参与，被验收的施工单位、安装、设备供应商需要提交专题报告，检查相关资料，最终形成验收证书。

单元工程验收由监理组织，关键部位和重要隐蔽单元需要建设单位和设计单位参加，被验收的是施工单位，需要提交自检结果和检测结果等资料，形成的结论是单元质量验评表。

目前水电工程质量管控一般采用全过程控制，后评价的模式，即对施工活动的全过程进行控制，最后对照质量标准评定质量等级。所以质量验评实际上不仅仅是评定质量等级，重点是对施工过程进行检查、纠偏和记录。

施工过程中，质量监督机构通过查阅单元质量验评表和三检记录表来评价质量管理行为是否符合规范要求，质量体系运转是否正常。在枢纽工程竣工验收、阶段验收、单位工程和分部工程验收时，施工活动已经基本结束，此时主要是通过查阅各种试验检测结果和施工记录来评价工程质量是否符合国家和行业的技术标准要求，单元、分部、单位工程的质量验评结果也是重点。

二、工作内容

1．建立质量标准

工程质量首先要符合国家标准，然后要符合行业标准和企业标准，最后要符合工程项目本身的个性化标准设计要求、合同要求等。

按照工程项目划分，要将各种标准的具体要求与不同级别的管控对象关联在一起。在施工活动的全过程中执行、检验、评定。

2．标准宣贯（技术培训）

将每道工序需要控制的检查（测）项目、对应的技术标准和工艺、工法通过专题培训的方式，宣贯到各级质量管理人员和作业人员。

3．现场检验

在施工过程中，质检人员对每个检查（测）项目进行检验，作业队初检、工程技术部门复检、质检部门终检，不合格的返工，填写三检记录表；监理工程师对施工单位申报的每道工序自检结果进行抽检，评定工序质量等级。

质检人员搜集单元工程的相关信息，主要包括：单元工程位置，所属的分部、单位工程，设计参数、单元工程量、单元中包含工序、施工方法、需要检查（测）的项目和质量标准等；在施工现场进行检查（测），记录检查（测）结果，部分项目委托测量或专业试验部门进行检查（测）；拍摄现场影像资料。

将这些信息填入工序三检记录表，计算单个检查（测）项目的合格率以及一般项目的总检查点数与合格率，将每项的检测结果及计算结果对照质量等级评定标准，确定工序质量等级，填写工序质量评定表（相当于对三检记录结果的汇总表），提交给监理工程师审查。监理工程师首先要查阅施工单位填报的工序质量检验记录，审核工序质量验评表内容的完整性和准确性，对现场质量进行抽检（一般抽查自检数量的10％），确定工序质量等级（优良、合格、不合格）后签署。

单元工程各工序全部完成后，由施工单位汇总各工序的质量等级，对照单元工程质量等级评定标准，确定单元工程质量等级，填写单元工程质量评定表，并将单元工程质量验评需要的全部资料整理汇总，提交监理工程师审查，监理工程师审核后签署。

4. 统计、分析

施工单位质检人员建立工程质量验评台账，定期或不定期对当期完成的单位、分部、单元工程数量、合格率、优良率等进行核查，分析质量趋势变化情况及原因。

当质量趋势发生不利变化时，排查各种原因对质量的影响程度，制定有针对性的改进措施，并组织实施、跟踪检查来改进措施的实施效果。

三、传统管理模式存在的问题和难点

（1）施工过程中需要执行的质量标准非常多（表2-1），即使经验丰富的监理人员和质检人员也很难记住所有的质量标准。实际工作中，监理和质检人员在检查某一个工序前通常要提前查阅具体的质量标准，或者将质量标准对照表携带到现场，随时查阅。例如，对于丰满重建工程使用的混凝土来说，涉及的质量标准多达24项，13种工序，225个检查（测）项（表2-2）。每个单元根据其具体情况适用其中一部分检查（测）项，最简单的单元其适用的检查项也有几十个，每个检查项所应该检测的数量也有一定的要求。

表 2-1   混凝土单元质量验评涉及标准清单

序号	标准编号	标准名称
1	GB 18173.2—2014	高分子防水材料 第2部分：止水带
2	中电联标准〔2012〕16号	工程建设标准强制性条文（电力工程部分）2011年版
3	DL/T 5144—2001	水工混凝土施工规范
4	DL/T 5144—2015	水工混凝土施工规范
5	DL/T 5112—2009	水工碾压混凝土施工规范
6	DL/T 5306—2013	水电水利工程清水混凝土施工规范
7	DL/T 5110—2013	水电水利工程模板施工规范
8	DL/T 5169—2013	水工混凝土钢筋施工规范
9	DL/T 5215—2005	水工建筑物止水带技术规范
10	DL/T 5113.1—2005	水电水利基本建设工程 单元工程质量等级评定标准 第一部分：土建工程
11	DL/T 5113.8—2012	水电水利基本建设工程 单元工程质量等级评定标准 第8部分：水工碾压混凝土工程
12	SL 176—2007	水利水电工程施工质量检验与评定规程

续表

序号	标准编号	标 准 名 称
13	JGJ 107—2010	钢筋机械连接技术规程
14	205B－JB₉－14	丰满重建工程大坝碾压混凝土施工技术要求
15	205B－JB₉－15	丰满重建工程大坝常态混凝土施工技术要求
16	205B－JH₉－7	丰满重建工程大坝止、排水施工技术要求
17	205B－JH₉－28	丰满重建工程碾压混凝土重力坝基岩帷幕灌浆及排水孔施工技术要求
18	205B－JH₉－30	丰满重建工程消力池止水、底板排水、基础帷幕灌浆及排水孔施工技术要求
19	205B－JH₉－4－2	丰满重建工程止水铜片工艺设计
20	205B－JH₁₀－7－1	丰满重建工程大坝基础约束区碾压混凝土温控技术要求
21	205B－JH₁₀－7－2	丰满重建工程大坝基础约束区碾压混凝土温控技术要求
22	205B－JH₁₀－7－4	丰满重建工程大坝脱离基础约束区碾压混凝土温控技术要求
23	205B－JF₆－3	丰满重建工程厂房混凝土施工技术要求
24	205B－JF₆－5	丰满重建工程厂房清水混凝土施工技术要求

表2-2　　混凝土工程工序质量验评检查项数量表

序号	工 序 名 称		检查项数量主控	一般
1	基础面		4	4
2	模板	大体积普通模板	4	7
		非大体积普通模板	7	7
		大体积清水混凝土模板	6	9
		非大体积清水混凝土模板	7	10
3	钢筋		8	28
4	预埋件	止水带	5	8
		伸缩缝材料安装	2	3
		排水设施安装	2	5
		冷却及接缝灌浆管路安装	2	2
		铁件安装	2	5
		内部观测仪器安装	5	3
5	混凝土浇筑		5	5
6	混凝土外观		3	4
7	清水混凝土外观		8	15
8	砂浆与灰浆		2	2
9	碾压混凝土拌和物		3	3
10	碾压混凝土运输铺筑		8	5
11	碾压混凝土层间及缝面处理与防护		4	4

35

续表

序号	工 序 名 称	检查项数量	
		主控	一般
12	变态混凝土浇筑	3	2
13	碾压混凝土外观	2	2
合计		92	133
		225	

（2）质检人员需要填写的表格比较多，单元工程的基础信息需要重复填写，而且一个单元一般是由多人共同完成，时间跨度也比较大，信息填写时容易出错。常态混凝土每个单元至少要填写 10 份（10 页）表格，碾压混凝土每个单元要填写 18 份（21 页）表格，清水混凝土每个单元至少要填写 10 份（13 页）表格。28 天龄期的混凝土单元工程从备仓到单元工程评定完成，至少需要 40 天，90 天龄期的混凝土单元工程则一般要超过 4 个月（表 2-3）。

表 2-3　　　　　　　　　　　　混凝土单元及工序质量验评表清单

序号	验评表 名 称		数量	页数	混凝土单元类型		
					常态	碾压	清水
1	单元工程	常态混凝土	1	1	√		
		坝体碾压混凝土				√	
		普通（饰面）清水混凝土					√
2	开仓许可证		1	1	√	√	√
3	基础面		2	2	√	√	√
4	模板	大体积普通模板	2	3	可选	√	
		非大体积普通模板	2	2	可选		
		大体积普通（饰面）清水模板	2	3			可选
		非大体积普通（饰面）清水模板	2	3			可选
5	钢筋		2	6	可选	可选	可选
6	预埋件	预埋件工序质量验评表	1	1	可选	可选	可选
		止水带	2	2	可选	可选	可选
		伸缩缝材料	2	2	可选	可选	可选
		排水设施	2	2	可选	可选	可选
		冷却及接缝灌浆管路	2	2	可选	可选	可选
		铁件	2	2	可选	可选	可选
		内部观测仪器	2	2	可选	可选	可选
7	混凝土浇筑		2	2	√		√
8	常态混凝土外观		2	2	√		
9	碾压混凝土外观		2	2		√	

续表

序号	验评表名称	数量	页数	混凝土单元类型		
				常态	碾压	清水
10	清水混凝土外观	2	4			√
11	砂浆与灰浆	2	2		√	
12	碾压混凝土拌和物	2	2		√	
13	碾压混凝土运输铺筑	2	4		√	
14	碾压混凝土层间及缝面处理与防护	2	2		√	
15	变态混凝土浇筑	2	2		√	
	合计	45	56	10/10	18/21	10/13

注　工序质量验评表格包括工序质量评定表和施工质量三检记录表，数量为2。"√"表示单元内必须包含的工序。混凝土单元类型合计行表示最少填写表格数量/页数。

（3）质检人员在进行质量管理活动时，需要掌握和获得大量的信息，这些信息来源广泛，获取信息需要的时间较多，准确性也难以保证。这些信息包括：单元基本信息、工作内容和工程量、施工方法、施工资源配置（人员、机械），这部分信息由工程技术人员提供（仓面设计）；部分检查（测）项采用皮尺、卷尺、水平尺等简单工具在现场自行检验，部分检查（测）项目从测量、试验、施工人员处获取；影像资料（照片）一般是由质检人员用相机拍摄后在电脑中整理，录入名称、拍摄内容、拍摄时间、拍摄地点、拍摄人等信息；各工序的实际开始时间和结束时间由施工人员提供。例如，铜止水的工程量由工程技术人员提供，检查（测）项目中，原材料的物理力学性能、接头的抗拉强度与渗透性能由试验室提供，外形尺寸及安装位置偏差由现场人员用卷尺测量。

（4）将质量检查（测）结果对照质量标准进行符合性评价的工作是一项重复性的简单劳动。一个混凝土单元从最基础的检查点、检查（测）项、工序一直到单元数量多达几百个，这期间质检人员和监理工程师难免会出现错误。

（5）个别现场质检人员（年轻化，人员流动性大）工作经验并不丰富，由于业务不熟练、培训不到位、责任心不强等原因，导致检查结果记录不规范，甚至出现错误。例如，质量标准中，应该填写"基础面单处积水最大不超过2m²，总面积不超过整个仓面面积的5%"，而实际工作中经常有质检人员为了工作简单，直接填写无积水。

（6）质量检查（测）工作多数在现场完成。由于条件所限，手工填写的记录表字迹不工整，记录表本身也可能会污损或丢失，难以满足归档的要求。有时也存在质检人员在现场临时记录，回到办公室填写验评表格（正式记录）的情况，这实际上又是一种重复劳动，而且其真实性也令人质疑。

（7）质量验评资料查找效率很低，一般查找某一个单元的质量验评表需要超过半个小时的时间。

四、功能

1. 标准预置

平台内可预置质量标准，将工程实际执行的质量标准与检查（测）项一一对应，并固化到质量验评表（主要包括工序质量三检记录表、工序质量评定表、单元工程质量评定表）中。"智慧丰满"中预置的质量标准包括水电工程基础开挖、混凝土、机电安装（施工专业或类型）共 688 张表单。

每一个单元分组（同类单元）中可预置所有可能使用到的表格样式。定义单元工程的过程中，通过选择单元内工作内容（工序），将本单元涉及的工程质量验评表置入单元工程中，质量管理活动过程中便可以直接使用，并将单位工程、分部工程、单元工程名称和编码，单元位置（桩号、高程）等基本信息自动填入表格。即，将单元工程各工序的每个检查（测）项的质量标准完整地置入单元工程内。

当质量标准发生变化时，只需将平台内保存的对照表中相应检查（测）项的实际执行标准进行调整，在之后质量验评工作中，平台判断合格的依据也随之调整，质量验评表中也会反映出相应的调整内容。

2. 质量验评信息采集

（1）单元工程质量验评所需要的信息包括：单元基本信息、工作内容和工程量、施工方法、施工资源配置（人员、机械）、质量检查（测）结果、影像资料、各工序的实际开始时间和结束时间、试验检测结果、测量数据。

（2）单元工程的基本信息：在创建单元时，从仓面设计（施工设计）中带入，包括单元位置、主要工作内容和工程量、施工方法、施工资源配置（人员、机械）。

（3）质量检查（测）结果：通过移动应用的方式在现场进行实时采集，通过传感器自动采集，从专业子系统中获取数据。例如，钢筋安装尺寸偏差、压实度检测结果（核子密度仪）采用移动应用的方式采集，混凝土内部温度通过埋设数字温度计的方式自动采集，碾压轨迹通过 GPS 自动采集，碾压遍数由碾压监控系统提供。

（4）影像资料：通过移动应用在现场实时采集或在视频监控系统中截取。

（5）单元工程和各工序的实际起止时间：通过移动应用在现场实时采集。

（6）试验检测结果：在平台试验管理模块中直接调用。

（7）测量资料：通过移动应用拍照的方式采集。如采集模板安装偏差检测结果。

3. 质量验评

平台可以根据录入的质量检查（测）结果，对照质量标准对检查（测）点、检查（测）项目、工序、单元自动进行符合性评价。

平台预置了单元工程适用质量标准和质量验评表，并实现了从三检、工序到单元质量验评流程的管控。

平台可实现对三检记录表中每个检查（测）点进行符合性评价，并自动统计每个检查（测）项目总检测点数的合格率，以此来判断是否达到质量标准；每一级（初检、复检、终检）质检人员在填写三检记录表的过程中，平台会自动统计单一工序检测（点数）与总合格率来判断检测频次是否达到质量标准要求。若出现检测点数不足的情况，平台会提示质检人员还需要补充检测的数量。

平台根据三检记录表的结果直接生成工序质量评定表，并自动判定工序质量等级，由施工单位质检人员确认后通过系统提交给监理，监理根据现场抽检情况采用移动应用的方式确认工序质量等级。

对于一个单元工程，平台可以跟踪工序质量评定流程，在全部工序完成后，平台会根据工序质量等级评定结果直接生成单元工程质量评定表，并自动判定单元质量等级，质检人员和监理可以在系统中对其审查确认。

4. 单元内质量信息查询

通过信息集成技术，可将仓面设计、碾压质量监控系统、智能温控系统、核子密度仪检测结果、拌和数据、试验检测结果等信息与单元工程关联，质检人员和监理可以通过单元工程的三维模型直接查阅与管控对象相关的全部质量管理信息。

（1）仓面设计：集成完整的仓面设计内容，可以查阅单元内的工作内容和工程量、施工方法（平层、斜层、台阶法浇筑）、体型尺寸（用于计算仓面面积、模板面积）等信息。

（2）碾压质量监控系统：集成碾压过程监控的结果数据，包括每个碾压层的碾压遍数达标率、层间间隔时间、碾压层厚度、层面高程等信息。

（3）智能温控系统：集成出机口、入仓、浇筑温度检测值及统计结果，混凝土内部温度过程线，温控单仓报告（通水结束后传送，包含仓内完整的温控信息）等信息。

（4）核子密度仪检测结果：集成检测和统计结果，主要包括单元碾压层数、测点数、最大值、最小值、平均值，每个碾压层的检测点数、合格率、最大值、最小值、平均值，每个检测点的实测结果，检测频次和结果的符合性评价结论。

（5）拌和数据：集成各种标号混凝土分别由哪座拌和楼拌制，拌制的总量，每一盘混凝土的实际配料单。

（6）试验检测结果：集成单元内混凝土物理力学性能及耐久性试验、止水接头渗透试验、钢筋接头力学性能等的取样频次、检测结果和符合性评价结果。

（7）质量验评：集成单元内各工序质量验评的结果、影像资料、测量数据，以及各工序验评流程当前的状态（未开始、进行中、完成）。

5. 质量验评结果输出

平台预置了符合归档要求的各种质量验评表打印格式。每一页质量验评资料预先设定了统一的页边距、表格线宽度，每个单元格的高度、宽度，各种不同内容的字体、字号；平台还可对没有检查（测）结果的表单空格自动划斜线；同时，平台在每一页资料的右上角预置二维码，用于查询电子档案。

对于已经形成的质量验评工作结果，平台提供在线打印功能，也可以导出 PDF 或 Word 格式的电子文档，打印或导出时可以选择是否带有电子签名。不带电子签名的用于手工签字后归档，带有电子签名的可作为副本使用。签字后的正本同时可以通过移动应用扫描二维码拍照的方式采集其电子档案。一般打印一份，签字后作为档案的正本，副本一般用于提供外部监督检查时使用。

6. 统计分析与查询

平台会自动对质量验评结果进行分类汇总，自动生成台账；也可以按照工程项目、施工时段等条件分级统计其各自（单位、分部）包含的单元、工序合格率、优良率，并绘制成直观图表，供质量管理人员进行趋势分析。质量验评综合分析与查询如图 2-4 所示。

质量管理人员可以在三维模型上直接查询质量管理的信息，也可以按照名称、编码、工程划分、时间、部位（桩号）等单一或组合条件查询质量验评的结果。

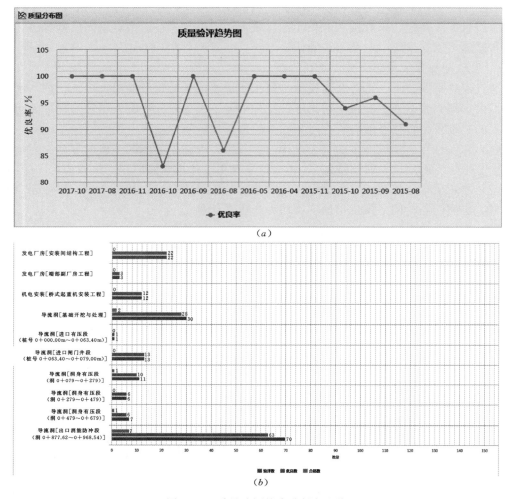

图 2-4 质量验评综合分析与查询

五、作用

（1）平台提供的功能覆盖了单元质量验评的主要工作业务，通过平台，各参建单位质量管理工作人员可以随时随地查询质量标准、验评结果与相关信息，无需人工记忆；也可自动进行符合性评价，自动进行数据汇总统计，生成台账，来替代大量人工的重复性简单劳动；可以直接打印出符合归档要求的质量验评表，无需人工调整表格格式；信息集成技术可将各专业的信息与三维模型相关联，通过三维模型可以直接查阅质量管理活动的全部信息，从而减少了人工调阅信息的工作量（质量验评的相关资料一般保存在施工单位手中，建设和监理人员要查阅则需要施工单位提供）；各级管理人员可通过网络进行审批，进而减少了文件传递的工作。

这些实用化的功能，不仅可以大大提高质量管理工作的效率和准确性，将监理和质检人员从繁重的内业工作中解放出来，去做一些有利于提高实体工程质量的工作，同时可以避免人为错误的发生，各种评价结果和统计数据的准确性也得到了保证。

（2）质量标准与工程实体（管理对象）建立了逻辑关系，所有参与质量管理活动的人员（建设管理监理、质检、技术、测量、试验等人员）都可直接面对管理对象（三维模型），质量管理活动因而更具有针对性。各种信息归集在单元工程中，保证了信息的时效性，也避免了因传统人工的传递信息方式可能出现的错误。

（3）质量验评标准的具体内容可预置在每个检查（测）项、每道工序、每个单元工程中，借此，质量标准可以准确完整地执行落地，避免了由于质量标准应用不准确所带来的不利后果。

施工过程中难免会发生由于国家、行业、企业颁布新的技术标准，或设计要求发生调整的情况，而在平台中便可以迅速简便地对原技术标准或设计要求进行调整，系统则会按照新的质量标准进行符合性评价。

（4）借助手机（或移动设备）实时记录现场质量活动信息，质检人员便不必使用纸质表格到现场进行记录，从而避免了重新抄录或污损等情况发生，质量检查（测）数据的真实性也得到了保证。例如，监理和施工单位对质量等级意见不统一或更改评定结果时，需记录各自的理由或原因；或者在混凝土性能试验完成后，混凝土性能质量等级与单元工程质量等级不一致，需要重新确定单元工程质量等级，这些过程在平台中便可以得到保存。而传统的质量验评资料中就难以体现这一方面的好处。

（5）所有的质量验评信息保存在平台中，可以快速检索查找到用户需要的信息，避免文件在传递过程中丢失，或因保管不善而丢失。

第八节　试　验　管　理

一、概述

试验就是为了察看某事的结果或了解某物的性能而从事某种活动。

试验是质量检验的方法之一，也是质量管理的一项主要工作，实体工程的质量主要是通过各种类型的试验结果来进行评价。（水电工程质量检测试验涉及的专业和内容比较多，这里只讨论土建工程的质量检测试验。）

试验是质量管理工作的一部分。由于专业性相对较强，水电工程试验工作一般由独立的第三方检测机构或单独设立试验室（部门）具体实施，质检部门主要进行试验任务统筹安排和试验结果统计分析，并不直接参与实际操作。

水电工程涉及的试验项目和指标很多，而且由于自身的特性和大量使用当地材料的情况，因此试验结果的评价标准会存在个性化差异。

二、工作内容

1. 试验工作内容

（1）水电工程土建试验项目（按照生产环节）一般可以分为原材料、中间产品（加工厂、拌和楼）、成品三类。对某些特定的材料还要进行型式检验或工艺检验。丰满重建工程涉及的检验项目如下：

1）原材料：水泥、粉煤灰、骨料、外加剂、拌和用水、钢筋、止水材料、预应力钢绞线和锚具、砖、石等。

2）中间产品：混凝土拌和物性能、钢筋直螺纹加工等。

3）成品：混凝土物理力学性能、耐久性、钻孔取芯和压水试验，钢筋接头力学性能、止水接头力学性能和渗透性能、锚杆、喷射混凝土力学性能等。

4）型式检验：钢筋机械连接接头力学性能。

5）工艺试验：铜止水焊接。

（2）丰满重建工程土建试验对象主要包括混凝土（砂浆、喷混凝土）、钢筋、止水材料、锚杆、预应力锚索等。

1）混凝土试验，包括配合比、原材料、生产过程质量控制、混凝土物理力学性能和耐久性、钻孔取芯和压水试验等。施工前要通过试验确定符合设计指标的配合比（理论配合比），施工过程中需根据原材料性能、天气条件、施工方法等因素进行动态调整（施工配合比）。混凝土使用的水泥、掺合料（粉煤灰、矿渣、火山灰）、骨料、外加剂、拌和用水等原材料在进场前要进行质量检测，如果自行生产的骨料还要对生产和出场环节进行检测；拌制过程中要定时对原材料性能、拌和物性态、称量误差等指标进行检测；现场浇筑过程中要对混凝土的工作度（坍落度、碾压混凝土 VC❶ 值、砂浆扩散度）、含气量、温度等指标进行检测；在拌和楼制取物理力学性能和耐久性指标的试件，在养护室养护至规定的龄期再进行检测，现场需要确定拆模时间等特定需要，制取试件进行同条件养护后进行检测；混凝土达到设计龄期后，在建筑物实体上钻孔取芯，通过查看芯样外观、对芯样进行物理力学性能检测、压水试验评价混凝土实体施工质量；喷混凝土除力学性能和耐久性外还要检测与围岩的黏结强度。

2）钢筋试验，包括材料进场检验、现场接头力学性能检验和机械连接接头型式试验。原材料进场要对力学性能进行检测；现场安装后在现场截取钢筋接头进行力学性能检测，采用机械连接方式前要进行型式试验。

3）止水材料试验，包括材料进场检验和现场接头检验。金属止水带进场主要检测拉伸和弯曲性能，焊接加工的异型接头检测拉伸、弯曲性能和抗渗性能；橡胶止水带进场主要检测拉伸性能和抗老化性能；现场接头主要检测接头的拉伸性能和抗渗性能。

4）锚杆试验，包括原材料进场检验和现场检验。锚杆体的原材料（钢筋）进场要进行力学性能检测；现场安装完成后进行无损检测（砂浆饱满度和锚杆入孔长度），砂浆达到龄期后进行抗拔力检测，灌注孔内的砂浆进行抗压强度检测。

5）预应力锚索试验，主要对预应力钢绞线的力学性能和锚具的硬度进行检测。

2．试验室资质管理

试验工作需要具有资质的机构和人员承担，试验设备和器具需要经过计量监督部门定期检定。对于现场试验室，需要定期查验（一般一年查一次）试验室资质等级证书、许可

---

❶ 碾压混凝土拌和物在规定振动频率及振幅、规定表面压强下，振至表面泛浆所需的时间（以秒计）。

试验项目、授权签字人许可签署的试验项目、试验人员资质证书、试验设备和器具的定期检定报告，以及上述内容的有效期。

水电工程试验检测机构需要获得计量认证（CMA）资格证书和检测单位（机构）资质等级证书。计量认证资格证书由国家认证认可监督管理委员会颁发，水电工程的质量检测单位资质等级证书由水行政主管部门颁发，建筑工程的质量检测机构资质证书由建设行政主管部门颁发（水电工程没有对检测机构的资质等级做出单独的要求，一般认为持有水利工程质量检测单位资质证书的机构可以从事水电工程的试验工作）。

试验人员应取得所从事的试验工作的资格证书（水电工程没有对试验人员的资质做出单独的要求，一般认为取得水利工程试验资格即可）。一些特殊检测工作需要取得相应的资格。例如，核子密度仪的操作人员需要取得国家环保部门的辐射安全培训证书。授权签字人和其授权签字领域需要国家认证认可监督管理委员会批准。

试验设备和器具大多属于计量器具，需经技术监督部门定期检定（检查、加标记和出具检定证书）。

3. 试验标准管理

梳理辨识适用（该项目）的国家、行业、地方、企业技术标准和设计要求，并从中提取出具体试验项目各种检测指标的检测频次要求和评价标准（判定合格的规定值范围）。建立适用标准台账。编制试验项目检测及频次明细表。

一般水电工程的检测频次为施工单位按照技术标准规定的频次进行自检，监理平行检验10%，业主委托第三方试验室进行一定比例的抽检。各工程项目会有一定的差异，丰满重建工程的主体工程检测频次为施工单位自检技术标准规定数量的30%，委托第三方试验室检测90%，监理平行检验10%（委托第三方试验室）。

4. 试验检测

施工（监理）单位按照规定的检测项目和频次要求向第三方试验室提出委托或自检，试验人员按照委托进行取样、制样、养护和试验检测，完成试验后提出试验报告单（试验结果）。取样过程需要监理工程师见证。

5. 试验数据统计分析

水电工程试验检测的数据数量庞大，统计分析是试验检测的重点工作之一。统计分析的主要作用一方面是评价实体工程质量是否符合技术标准和设计要求；另一方面则是观察质量变化规律，查找不足，分析引起质量波动的原因。例如，水工混凝土生产质量控制水平以28天龄期抗压强度离差系数 C_v 值表示，用以评价生产质量控制水平。混凝土质量评定以设计龄期抗压强度为准，对每一个统计周期内的同一强度等级的混凝土进行统计分析，统计计划混凝土强度平均值、标准差、保证率和不低于设计强度标准值的百分率（表2-4和表2-5）。

表2-4 混凝土生产质量控制水平评价标准

	混凝土生产质量控制水平	优秀	良好	一般	差
C_v	28天龄期抗压强度平均值≤20MPa	<0.15	0.15~0.18	0.18~0.22	≥0.22
	28天龄期抗压强度平均值>20MPa	<0.11	0.11~0.14	0.14~0.18	≥0.18

表 2-5　　　　　　　　　　　混凝土质量等级评价标准

混凝土质量等级		优秀	合格
σ	抗压强度标准值≤20MPa	<3.5	≤4.5
	抗压强度标准值 20～35MPa	<4.0	≤5.0
	抗压强度标准值>35MPa	<4.5	≤5.5

注　σ为混凝土抗压强度标准差。

　　监理单位、试验单位、施工单位编制周、月、年（定期）报告、质量监督（不定期）报告、工程项目试验总报告。报告的主要内容包括：检测频次及符合性评价，检测结果统计及符合性评价，分析实体工程质量状况等。

　　6. 试验工作流程

　　试验工作流程如图 2-5 所示。

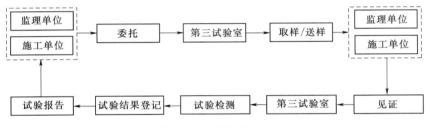

图 2-5　试验工作流程图

　　（1）试验委托。材料进场或现场有施工任务需要进行试验检测时，施工单位向试验单位（部门）❶ 提出委托，告知其取样地点、试验项目、试验组数等信息。填写委托单，其中大部分确定的信息可以在办公室填好，被委托人现场签字确认委托信息完整、准确。

　　（2）采样、样品制备。试验单位收到委托后，应按约定的时间到取样地点采样，制备试件，并填写样品登记表。样品登记表上记录取样时间、地点、样品数量、试验项目（指标）、样品描述等信息。混凝土和砂浆等要制备成符合试验要求的规格。样品上要做好标记。取样人员和见证人员（委托人、监理）在样品登记表上签字确认。

　　（3）检测试验。部分试验项目是现场检测的。例如，碾压混凝土压实度（相对密实度/核子密度仪）、锚杆的抗拔力和无损检测、止水接头渗透试验、钻孔取芯和压水试验等，由试验人员在现场操作，做好记录，并由见证人签字确认。

　　大多数试验是在试验室内完成的，如水泥性能、混凝土物理力学性能、钢筋接头力学性能等。试验人员在现场采样制样完成后，送回试验室，交给室内试验人员保管，制备成符合技术标准的试件后进行试验；混凝土（砂浆）试件送到养护室内进行标准养护，达到龄期后进行试验。

　　（4）提交试验报告。试验结束后，试验单位（部门）向委托人提交由授权签字人签署并加盖中国计量认证（China Inspection Body and Laboratory Mandatory Approval，简称

---

❶　试验单位一般指第三方试验检测机构，试验部门一般指施工单位自建的现场试验室。

CMA）印章的试验报告单（试验结果）。

三、传统管理模式存在的问题和难点

（1）水电工程涉及的试验项目和指标很多，而且由于自身的特性和大量使用当地材料的情况，试验结果的评价标准会存在个性化差异，试验人员对此很难完全掌握。执行过程中可能会发生漏检，或进行了不必要的试验等问题。

丰满重建工程试验检测频率及评价标准（土建部分2016年版）包含原材料进场、拌和楼生产质量控制、现场质量检测、工艺试验4个部分，47种检验项目，389项检测指标，见表2-6。随工程进展还会增加一些试验项目和检测指标。

表 2-6　　　　　　　　丰满重建工程中热硅酸盐水泥检测频率及指标

序号	检测项目	规定值		检测频率	检测比例或数量		
					施工单位	监理	第三方试验室
1	比表面积	$250\sim320m^2/kg$		1次/600t（每批不足600t时，也应检测一次）	30%	10%	90%
2	凝结时间	初凝时间≥60min					
		终凝时间≤12h					
3	安全性	沸煮法检验合格					
4	强度	抗拆	3d≥3.0MPa				
			7d≥4.5MPa				
			28d≥6.5MPa				
		抗压	3d≥12.0MPa				
			7d≥22.0MPa				
			28d≥42.5MPa（48.0～55MPa）①				
5	标准稠度						
6	密度						
7	三氧化硫	≤3.5%		—	1次/a	1次/a	3次/a
8	烧矢量	≤3.0%					
9	氧化镁	≤5.0%（3.0～4.5）②					
10	碱含量	≤0.6%					
11	水化热	3d≤251kJ/kg					
		7d≤293kJ/kg					

注　①、②表示内控指标。

（2）试验数据统计工作量巨大（表2-7），而且容易出现错误。试验报告编制工作主要是对试验结果进行分类统计和符合性评价，监理、第三方试验室和施工单位的报告要进行交叉比对，核对数据统计的准确性。这项工作的技术含量较高，要求工作人员熟悉技术标准且有丰富的工作经验，通常由试验（部门）负责人或技术骨干来编制。这样一来，数据统计工作通常会占用其主要精力，而用于分析试验数据所反映的实体工程质量的发展变化趋势以及如何进一步提高工程质量的精力则相对偏少。

表 2-7　　　　　丰满重建工程第三方试验室试验报告工作量统计表（2016 年）

序号	项 目	期数	工 作 量					
			单 期			年 度		
			页数	表格数量	工日	页数	表格数量	工日
1	周报	39	30	25	1	1170	975	39
2	月报	8	60	45	4	480	360	32
3	质量监督报告	3	130	60	7	390	180	21
4	年报	1	101	90	10	101	90	10
	合计	51	321	220	22	2141	1605	102

（3）信息传递时效性差，传递内容不完整。试验单位（部门）与外部信息交互不及时或试验工作各个环节之间信息传递的不及时、不完整，会对试验工作、质量管控带来不利影响。

外部信息获得不及时或者不便利。例如，水泥进场检测的组数根据进场数量计算（600t 检测 1 组），实际进场数量只有在材料全部进场称重后才能确定，而试验委托是在进场前提出的，只能按照计划进场数量来计算取样的组数。如果实际进场数量与计划值的偏差较大，且此信息不能及时传递给试验人员，则会造成漏检（检测频次不能满足技术标准要求）。

试验工作进展情况不能及时传递给质量管理人员。例如，一般一个碾压混凝土浇筑仓内会有多种标号的混凝土，施工持续时间也比较长，试验人员在生产过程中随机取样，在某一时刻已经取了多少组样品，样品分别是什么标号，质检人员很难实时掌握取样信息，因而无法有效地监督试验工作是否按规定完成。如果试验人员因交接班导致取样信息有疏忽，则会造成漏检。

为保证现场混凝土和易性符合施工需要，一般是在出机口检测坍落度，通过对讲机告知现场试验人员运输车号，将现场检测的坍落度反馈给拌和楼试验人员，进而对比计算出机口到仓面的坍落度损失量，再根据实际情况进行调整。这个过程中需要多次进行信息交换，效率比较低而且容易出现信息不完整甚至信息错误，给施工带来不利影响。

试验检测完成后，试验结果需要在试验室内部逐级审核后由授权签字人进行签署，才能提交正式的试验报告。纸质的报告传递给质量管理人员还需要一段时间，这对后续工作的进展会有一定的影响。例如，钢筋接头力学性能的检测，在现场取样，送回试验室检测，检测结果一般只能采取电话沟通的方式获取。如果技术负责人刚好不在试验室，不能及时审核，则会导致中断钢筋工序验评工作来等待试验结果。

（4）统计分析相对滞后。传统的工作模式下，各单位按照统一的统计时段对试验数据进行人工统计和计算。在此模式下，形成完整的统计结果需要一定的工作时间（以月报为例，统计时段为上月 21 日至当月 20 日，一般要延迟 7～10 天）才能形成报告，质检人员才能依据报告的结果对实体质量状态进行分析评价。一旦检测结果出现波动，则很难及时作出调整。

（5）试验结果查询不便。一个水电工程的试验检测结果数量巨大，一般以试验报告单的形式保存在施工单位的试验部门或试验单位，监理或质检人员要查阅需要到保存地点调阅。如果试验资料管理人员不在，其他人员就很难迅速找到特定的试验报告单。

四、功能

1. 试验室及试验人员资质管理，试验仪器检定

系统可提供标准化的试验室资质文件报审流程，试验室可以通过系统将试验室、授权签字人、试验人员的资质证明文件，以及试验仪器的检定证书报送监理审批。同时，系统还可以根据设定的有效期，对即将到期的各项资质做出提醒。

2. 试验技术标准管理

可从工程适用标准清单中挑选与试验工作相关的标准，从而形成试验标准清单。与标段适用标准的管理类似，在此不作详述。

3. 预置试验检测标准，提供灵活的配置方法

系统中按照国家和行业技术标准（规程规范）预置了水电工程常用试验检测项目的检测结果和检测频次合格标准要求（表2-8、表2-9），用户可以直接使用，也可以根据设计要求和项目个性化的管理需求进行便捷的调整。

4. 试验计划

系统可以根据物资进场计划、施工计划，按照对应的检测频次计算检测项目和取样数量，来自动生成试验工作计划。如果需要委托第三方检测，自动生成试验委托单。

5. 试验全过程信息采集

试验人员可以通过移动终端或电脑录入每一组样品从取样、见证、移交样品、制样、养护、检测、结果审核等全过程信息，并适时推送工作提醒。

6. 试验结果符合性评价

试验人员检测结果登记时，系统会对照实际执行的技术标准自动进行符合性评价，并将未达到质量标准的检测结果突出显示出来，系统也可以根据预先设定的条件向特定的人员推送不合格信息，并触发不合格样品管理功能。

系统可以对检测频次自动进行符合性评价，对于原材料进场检验，系统会按照每一批次的实际进场数量计算应检组数，来判断实际检测数量是否符合要求；对于现场施工项目（如混凝土、锚杆），系统会按照工程量计算应检组数，判断检测数量是否符合要求。如果检测频次没有达到要求，系统会向特定人员自动推送信息，提醒试验人员进行补充检测。

表2-8　　　中热硅酸盐水泥（P.MH42.5）比表面积检测评价标准（检测结果）

检测项目	国家标准	行 业 标 准	设计要求/合同约定/企业标准	执行标准
比表面积	GB 200—2003 6.5 比表面积水泥的比表面积应不低于250m²/kg	DL/T 5144—2015 3.2.1 水泥的原则应符合下列要求： 1. 大坝混凝土宜选用中热硅酸盐水泥、低热硅酸盐水泥和低热矿渣硅酸盐水泥，也可选用通用硅酸盐水泥等；水泥的品质应符合《中热硅酸盐水泥、低热硅酸盐水泥、低热矿渣硅酸盐水泥》GB 200—2003、《低热微膨胀水泥》GB 2938和《通用硅酸盐水泥》GB 175的相应要求	丰满重建工程水泥采购（CG〔2013〕108）技术条款 第2条，比表面积宜不大于320m²/kg	250～320m²/kg

表 2-9　　　　　　中热硅酸盐水泥 (P. MH42.5) 检测评价标准 (检测频次)

检测项目	国家标准	行 业 标 准	设计要求/合同约定/企业标准	执行标准
比表面积	GB 200—2003 8.1 编号及取样 水泥出厂前按同品种编号和取样。袋装水泥和散装水泥应分别进行编号和取样,每一编号为一取样单位。水泥出厂不超过600t为一编号	DL/T 5144—2015 11.2.1 水泥进场检验,应符合下列规定: 1. 水泥进场检验按同厂家、同品种、同强度等级进行编号和取样。中热硅酸盐水泥、低热硅酸盐水泥、低热矿渣硅酸盐水泥及通用硅酸盐水泥,以不超过600t为一取样单位;低热微膨胀水泥以不超过400t为一取样单位;抗硫酸盐水泥以不超过300t为一取样单位。不足一个取样单位的按一个取样单位计。 2. 主控项目应每批次检验1次,一般项目应每季度至少检验1次。水泥进场检验项目可按表11.2.1执行	丰满水电站全面治理(重建)工程大坝土建及金属结构安装工程施工合同 (DGCSG 〔2014〕 18号) 技术专用条款 1.3.2 条第 (6) 款:承包人自检和监理人检测综述或频次按国家相关规程规范和设计文件要求确定,监理人检测数量约占检测总数的10%;补遗文件第3条:投标人需自建现场试验室……检测收归档试验资料30%的试验检测工作	1 次/600t 第三方试验室检测90%;施工单位检测30%;监理检测10%

7. 试验资料打印输出

系统内预置了标准的委托单、样品登记表、试验报告单的格式,提供在线打印和导出电子文档 (PDF 或 Word 格式) 的功能,打印或导出时可以选择是否带有电子签名 (与质量验评类似,在此不作详述)。

8. 统计分析与查询

系统可以按照给定的条件 (时段、检测对象、检测单位、标段等) 对检测结果和检测频次进行统计,并将统计结果绘制成直观图表,分析检测结果的发展变化趋势。还可以按照设定的条件自动生成周报、月报、年报、质量监督报告等定期或不定期的统计报表。

系统可以按照时段计算各种试验项目各单位的应检数量,统计实际检测数量,评价当期试验检测频次是否满足要求;也可以统计各试验项目检测结果的最大值、最小值、平均值等数据,评价试验结果是否符合技术标准。

系统可以实时查询某项试验工作的当前状态,监理和质检人员可以在系统中随时查询取样情况和检测结果,监督试验工作的实际进展情况。

系统会将试验项目和检测结果与浇筑仓 (单元工程) 自动关联在一起,通过三维模型查询与单元工程相关的所有检测结果。例如,可关联某一浇筑仓内混凝土性能、止水接头、钢筋接头、拌和楼质量控制、仓面质量控制等全部检测结果。

五、作用

1. 提高工作效率

系统按照设定的条件自动进行试验数据的统计,生成报表,无需人工操作。这样一方面可以替代人工操作,减少技术人员的工作量,提高工作效率;另一方面数据的准确性也得到了保证。对于定期报告，系统会进行定期自动计算，并可在截止日期的第二天早晨于系统中直接查看。对于不定期的统计报告，只要设定统计期，系统在几个小时内就可以生成。试验结果能够在系统中进行审核确认，减少了纸质文件传递所花费的时间，更能提高效率。

系统可以将经验丰富的技术骨干从繁重的统计工作中解放出来，将更多的精力用于对统计结果的分析；使用者也可以通过系统随时进行统计，及时发现检测结果的波动，进而促进实体工程质量的提升。

2. 减少工作失误

系统根据施工计划自动计算应检项目和数量，并生成试验委托单，向试验人员推送信息，提醒试验人员及时取样；砂浆或混凝土试件到达养护龄期后，系统则会提醒试验人员及时进行检测；系统还会实时跟踪取样工作实际完成情况，并判断取样或试验频次是否符合规范要求，监理和质量管理人员则可以通过系统实时监督试验工作进展，从而最大限度地降低了漏检或到龄期未及时检测的发生概率。

3. 信息传递更及时、准确性更高

试验工作需要的外部信息与试验工作各环节的信息通过系统进行传递，避免了人工传递的不及时、不完整，信息的准确性也得到了保证。系统对检测数量和检测结果进行的符合性评价，使得数据统计和评价结果的准确性更高。

外部数据一般包括物资材料进场数量和时间，施工项目、施工部位、施工时段、工程量等。

试验流程信息：委托信息（试验项目和组数，取样地点，委托人）、取样信息（取样时间、地点、取样人、见证人、样品接收人）、试验结果等。

监理和质检人员也可以直接通过系统实时查询检测结果和试验中间成果。例如，水泥 3 天的抗压、抗折强度检测完成后即可查询检测结果，不必等到 28 天龄期全部检测完成后才能看完整的试验报告；一个施工持续时间 7 天的碾压混凝土浇筑仓，试验人员要进行至少 14 次的交接班，接班人员可以通过系统查询已经完成的取样项目和数量。

第九节 碾 压 质 量 监 控

一、概述

丰满重建工程大坝是碾压混凝土重力坝，碾压混凝土技术相对于常态混凝土的优势主要是施工速度快，胶凝材料用量低，早期水化热温升低，投资相对较少。主要问题是施工过程工艺质量控制困难，容易产生渗漏通道。

碾压混凝土工艺质量控制环节主要包括模板、钢筋、预埋件、原材料、拌和、运输、卸料平仓、碾压、成缝（横缝-结构缝）、变态混凝土浇筑、层面与缝（水平施工缝）面处理、仓面小气候控制、温度控制、养护。

模板、钢筋、预埋件主要采用现场检测安装尺寸偏差的方式进行质量控制，相关内容在质量验评部分已经讨论，在此不作详述。

原材料、混凝土拌和主要采用试验检测的方式进行质量控制，相关内容在试验管理部门已经讨论，在此不作详述。

（1）运输环节主要质量控制内容有如下两方面。

1）采用适当的方式防止骨料分离（特别是垂直运输）。

2）尽量缩短混凝土运输时间，确保混凝土初凝前完成碾压（振捣），减少混凝土和易性（坍落度、VC 值、含气量）损失，影响施工。混凝土和易性采用试验检测的方式控制，运输时间采用 GPS 定位方式监控运料车的运行时间和轨迹。

（2）卸料和平仓环节主要质量控制内容有如下几方面。

1）保证混凝土卸在分区正确的部位。

2）防止骨料分离。采用现场监督（监理和质检旁站）的方式控制。

（3）变态混凝土有现场加浆变态和机拌变态两种。

1）现场加浆变态的质量控制内容为加浆量、均匀性、灰浆配合比、振捣。

2）机拌变态与常态混凝土类似，现场的主要控制内容是振捣。

层面处理的质量控制重点是层间间隔时间。通过试验确定直接铺筑允许时间和加垫层铺筑允许时间，超过允许时间要采取适当的处理措施。

二、工作内容

碾压环节是保证碾压混凝土施工质量的关键，决定碾压混凝土的密实程度。根据《水工碾压混凝土施工规范》（DL/T 5112—2009）的要求，碾压质量控制主要包括四个方面。

（1）通过现场工艺试验确定适当的碾压参数，主要是碾压厚度和碾压遍数，以保证碾压混凝土的密实性。

（2）为了防止上游防渗区的碾压混凝土产生顺河向的裂缝，要求在坝体迎水面 3～5m 的范围内碾压方向平行于坝轴线。

（3）振动碾的行走速度应控制在 1.0～1.5km/h 的范围内。

（4）碾压条带的搭接宽度应控制在 100～200mm 的范围内。

质量控制的重点就是保证施工过程中碾压参数和施工工艺符合技术标准的要求，特别是碾压参数必须严格控制。

传统的工作方法是通过监理和质检人员旁站监督的方式，安排专人记录每个碾压条带的碾压遍数（计“正”字或翻数字牌），碾压层厚度用卷尺检测铺料厚度（一般控制在 370mm 以内），碾压条带的搭接宽度用卷尺随机检测，振动碾的行走速度主要靠目测。

每个碾压层施工完毕后，采用网格布点检测碾压混凝土的表观密度，每 100～200m² 检测 1 点，每个碾压层最少检测 3 个点。

由于现场施工工艺的控制主要依靠人工检测，很容易出现错误或偏差，因此规范上只是对碾压工艺提出了控制要求，而质量评定是以核子密度仪检测的表观密度计算得到的相对密实度作为判定碾压混凝土质量等级的主要依据。

三、传统管理模式存在的问题和难点

常规碾压质量控制中，采用施工过程中监理现场旁站与施工后坝面取样检测相结合的方法来控制施工质量。上述方法存在大量弊端：一方面，碾压混凝土坝施工层面面积大、施工持续时间长，人工现场旁站无法准确控制层面各个位置处的碾压参数；另一方面，坝面取样检测中的检测点个数有限，且检测点的选取具有很大主观性，导致无法客观评估整个层面的碾压质量，且取样检测属于事后控制，制约了指导施工的实时性。

（1）准确性差。碾压混凝土一个浇筑仓的施工时间比较长（3～7 天），仓面上一般会有 2～4 台振动碾，现场的质量控制人员长时间集中精力准确地记录碾压遍数是一件非常困难的事情，因此经常会发生错误，人工监测振动碾的振动状态也非常困难，实际的碾压遍数难以把握，由此导致漏碾或过碾（振碾遍数超过质量标准），从而影响工程质量。

（2）实时性差。人工测量条带搭接宽度在技术上简单，但是实际中只能是在振动碾行走形成的轨迹上进行测量，只能起到事后监督的作用，难以实现实时的纠正和控制。

依靠核子密度仪检测压实度也属于事后控制，测点的密度比较低，100～200m² 只有 1 个测点，因此很难发现所有的质量缺陷。同时，测点的数量又不能太多（每个测点的测量时间约 5min），否则会延长层间间隔时间，影响层间结合的质量。如果发现某个测点的压实度不能达到质量要求，对该测点代表的区域（100～200m²）要进行补碾，并重新检测，符合质量要求后方可进行下一层铺料作业，这同样会影响层间间隔时间。

四、功能

通过在碾压设备上安装集成有高精度 GPS 接收机的监测设备装置，对坝面碾压施工机械的路线、速度、碾压参数等进行实时监控、记录，通过实际数据的分析得出碾压质量的综合评价，可有效控制碾压机超速、激振力不达标等情况，及时发现漏碾、欠碾部位并进行处理。

1. 自动监测

系统可全程监测振动碾的空间位置和振动状态，每隔 1s 测量一次振动碾的空间位置（水平方向精度 1mm，竖直方向精度 2mm），并同时测量一次振动状态。系统还可根据振动碾的空间位置计算振动碾的行走轨迹和速度，通过行走轨迹自动计算条带搭接宽度，叠加振动状态后以 5cm×5cm 的间距计算每个点振碾和静碾的遍数，每层碾压完成后以 2m×2m 的间距计算碾压层顶面高程和压实厚度。这样碾压厚度、碾压遍数、碾压方向、振动碾行走速度和碾压条带搭接方向等主要的碾压质量控制参数便全部实现了自动化监测。

系统同时会记录每层碾压的开始时间和结束时间，用于计算层间间隔时间❶。

---

❶ 层间间隔时间：从下层混凝土拌和物加水拌和时起到上层混凝土碾压完毕为止的历时［《水工碾压混凝土施工规范》（DL/T 5112—2009）］。

2. 自动报警

系统根据计算结果和预先设定的质量标准进行对比，对振动碾超速、碾压条带搭接宽度不足、激振力不达标、碾压厚度超标等质量控制参数超标情况自动发出报警信息。报警信息会在客户端和机载平板电脑上自动弹出，提示监理、质检人员和操作人员及时进行纠正。

3. 可视化在线监控

系统可提供可视化的在线监控，电子地图上能够动态显示仓面振动碾的工作状态及行走轨迹，监控人员可以（通过鼠标拾取的方式）实时查询仓面任意位置的碾压遍数，也可以随时对（已完成或正在施工）某个层面的碾压参数和超标报警次数进行统计，生成可视化的图形报告。

4. 数据存储与查询

碾压质量监控专业子系统中保存完整的监控数据，并将每个碾压层的统计数据和成果报告集成在平台的三维模型中。管理人员可以通过三维模型直接查询质量监控结果，也可以在专业子系统中查询更详细的监控数据。

五、作用

施工碾压质量监控系统通过碾压施工机械，借助现代物联网、移动互联、网络传输等技术，实现对碾压轨迹、速度、遍数、动碾（静碾）状态等指标监控，并实现自动向质检人员和监理报警，同时在驾驶室内向司机显示相关信息以促使其主动更正，解决漏碾和过度碾压问题。

（1）采用碾压质量监控系统来替代人工对碾压轨迹、碾压遍数、碾压厚度、振动碾行走速度、碾压条带搭接宽度等参数进行自动监测，大大减轻了监理和质检人员的工作强度。传统模式下每个仓面至少要配备3名质检人员专职进行各种碾压参数的检测和记录，而现在只要1名质检人员就可以胜任，还可以同时兼顾仓面其他工序（切缝、变态混凝土浇筑、冷却水管铺筑等）的质量控制。

（2）提高了测点的密度，实现了对施工质量的精细化控制。人工检测只能对碾压参数进行抽样检测，自动监测则相当于全数检测，并同时避免了人工检测可能出现的错误。

（3）混凝土碾压施工过程中的各种参数由系统实时监测，可以在第一时间发现操作失误（错误）并反馈给振动碾驾驶员，驾驶员可以根据报警信息及时作出纠正，质量控制也因而从事后控制提升为事中控制，减少了人工操作失误对施工质量的不利影响。丰满大坝全面应用了该系统，碾压混凝土施工工艺、施工质量因而得到了有效控制。

（4）突破了传统监控方式的一些限制。传统模式中，为了降低人工监测碾压遍数的错误率，一个碾压条带上往往只有一台振动碾工作，而自动监测却可以实现多台振动碾协同工作；过去，往往是一个碾压条带达到碾压遍数后再碾压下一个条带，会在边缘形成比较高的错台，且错台位置不容易压实，而自动监测却可以根据现场实际情况在一个区域内灵活地调度振动碾，避免出现错台等问题。

第十节 智 能 温 控

一、概述

温控防裂一直是混凝土坝建设的重点任务，同时也是施工的难点。温控防裂理论研究与工程实践最早始自 20 世纪 30 年代。经过数十年的发展，现已逐步建立了一整套相对完善的温控防裂理论体系，并形成了较为系统的混凝土温控防裂措施，包括改善混凝土抗裂性能、分缝分块施工、降低浇筑温度、通水冷却、表面保温等，但"无坝不裂"仍然是一个客观的现实问题。

1. 丰满大坝温度控制难点

丰满大坝相对于国内大部分碾压混凝土重力坝，其温度控制的难点主要有以下两个方面。

（1）工程位于严寒地区，稳定温度场为 6～8℃，因此混凝土允许最高温度的控制指标极为严苛，仅有 22～25℃。

（2）冬季气温低，极端最低气温达到－42.5℃。每年 11 月至次年 3 月的 5 个月期间平均气温都在零度以下，这一期间无法施工，造成坝体混凝土浇筑间歇时间长，同时要采取可靠的措施对已浇筑的混凝土进行越冬保温。

2. 温度控制措施

面对丰满大坝温控防裂的难点，丰满建设者们采用了智能温控技术等一系列综合措施对大坝混凝土的温度进行全过程控制，取得了较好的效果。另外也在仓面小气候控制、拌和系统原材料温度测量、混凝土内部温度监测手段和全过程智能温控等方面进行了探索与研究。

（1）优选混凝土配合比。通过选用中热硅酸盐水泥和一级粉煤灰、高掺粉煤灰、高效减水剂，大大降低了胶凝材料用量，控制水泥水化热温升。

（2）严格控制原材料质量。根据工程特点，对水泥、粉煤灰、骨料、外加剂等混凝土主要原材料，及生产、运输、储存等各个环节进行监控，控制混凝土质量的源头。

在国家强制标准的基础上，对水泥强度、氧化镁含量、细度等性能参数提出特殊要求，使水泥性能更加稳定，更有利于混凝土的温控防裂；对粉煤灰细度采取每车检验的方式，确保粉煤灰质量稳定；增加人工砂判断石粉吸附性能的亚甲蓝值控制指标，控制人工砂含泥量；混凝土外加剂根据季节和施工特点及时调整缓凝组分，以适应混凝土凝结时间的要求；将原材料质量控制由入场检验向生产环节延伸，对水泥和粉煤灰厂家派驻监造人员，在骨料加工系统派驻监理人员，进一步控制原材料质量波动。

（3）混凝土拌和楼温度控制。采用了三峡工程应用的骨料二次风冷技术，冷水拌和、控制水泥入罐温度等一系列措施，控制出机口混凝土温度符合设计要求。

（4）混凝土运输温度控制。为混凝土运输车辆配置自动开闭遮阳板，以使车厢保温，尽量缩短运输距离；合理安排运输车辆，控制运输和仓面等待时间，控制混凝土运输过程温度回升。

（5）仓面温度控制。夏季高温时段采用喷雾、遮盖等措施，在浇筑仓面营造低温小气候，控制混凝土浇筑温度不超过设计标准；采用斜层碾压铺料，合理配置平仓和碾压设备，尽量缩短层间间隔时间，减少温度倒灌。

（6）冷却通水。混凝土内部埋设冷却水管，对混凝土进行通水冷却，降低混凝土水化热温升，入冬前进行二期通水，控制入冬前混凝土内部温度达到设计要求。

（7）临时保温和养护。施工过程中，模板外挂橡塑海绵或挤塑板，减少混凝土侧面热量交换；收仓后，混凝土表面覆盖三防布和橡塑海绵，侧面覆盖无纺布，对混凝土进行不间断养护。

（8）施工期越冬保温。表面采用塑料膜＋多层橡塑海绵＋三防布严密覆盖，与基岩接触部位向外延伸 2m，侧面采用塑料膜＋挤塑板＋三防布覆盖，台阶和廊道搭设暖棚；永久外露面采用喷涂聚氨酯泡沫保温。

二、工作内容

在施工过程中，温度控制的主要工作就是落实温控措施。

（1）测量施工区域内的温度控制参数，包括气温、风速、风向、太阳辐射热，混凝土出机口、入仓、浇筑温度，坝体内部温度。

（2）搜集混凝土施工信息，包括仓面位置、体型尺寸、开仓、收仓时间，温度控制标准（不同位置标准不同）。

（3）拌和楼制冷，根据天气条件合理使用骨料一次风冷、二次风冷、加冷水拌和等组合措施，保证混凝土出机口温度符合要求。

（4）合理调度混凝土运输车辆，缩短混凝土运输时间，减少运输环节的温升。

（5）仓面小气候控制，合理配置喷雾车、手持喷雾枪、移动式喷雾机等设备，在保证仓面不积水的前提下，向仓面补充水雾，降低仓面温度，减少混凝土表面水分蒸发，控制混凝土浇筑过程中的温度（热量）倒灌。

（6）混凝土内铺设冷却水管，对混凝土进行通水冷却，监测冷却水进水、出水温度（包括一期通水、二期通水、三期通水），24 小时变换通水方向。

1）一期通水：控制混凝土早期水化热温升，冷却水管铺设后即开始，至混凝土内部温度稳定在 18℃。

2）二期通水：在进入冬季前，将混凝土内部温度降低至 15℃，防止混凝土表面与内部温差过大导致开裂。

3）三期通水：在大坝蓄水前，将混凝土施工纵缝附近的混凝土内部温度降低至 8～10℃，使施工缝张开，以便实施接缝灌浆。

（7）及时采取临时保温、永久保温措施，缩小混凝土内外温差，降低混凝土表面开裂的风险。

（8）采用仿真计算的方式科学地确定越冬保温参数和保温被揭开方案，并组织实施。

三、传统管理模式存在的问题和难点

（1）混凝土温度控制所需要的信息种类繁多，数量巨大，人工搜集和监测一般存在不及时、不准确、不真实的问题，同时信息分散在许多部门或人员的手中，施工过程中很难进行系统的归集整理，使用极为不便。例如，混凝土内部温度，传统的方式是通过测量冷却水出口的水温作为混凝土内部温度的代表值。实际上只有在混凝土内部温度稳定后，这两个数值才比较接近；通常，混凝土内部温度分布并不均匀，这种现象在碾压混凝土上尤为明显（一个浇筑仓要持续 3～7 天，甚至更长，先浇筑的混凝土已经达到最高温度，后浇筑的混凝土刚刚开始温升）；人工监测的频次很低（每天 1 次），无法真实反映混凝土内部温度变化过程（特别是早期温度变化，甚至最高温度的测值都会有比较大的偏差）。

（2）冷却通水控制参数计算精度不高，加之通水控制不及时，容易出现温差大、降温幅度大、降温速率大、温度梯度大，而导致混凝土开裂的风险增加。由于通水参数计算比较复杂，传统模式下，一般会忽略各浇筑仓的差异，而采用统一的通水参数，主要控制通水的时间和冷却水水温，对冷却通水的流量基本不做控制。在极端情况下甚至可能由于通水参数不合理导致混凝土开裂。例如，混凝土内部温度已经达到了最高峰，水化热迅速下降，而通水参数没有及时作出调整，冷却水管附近的混凝土温度迅速降低，引起混凝土内部产生细微的收缩裂缝，继续降温则会使其发展成为有害的裂缝。

（3）人工操作的疏漏和错误难以避免。长期频繁的重复性工作常常会导致工作人员疏忽，而监理的监督工作也很难做到全面及时。这些工作疏漏和错误会影响混凝土温度控制的实际效果，进一步增大混凝土开裂的风险。例如，《水工混凝土施工规范》（DL/T 5144—2015）要求"水流方向应 24h 调换 1 次"，在实际操作中水流方向调换不及时的现象时有发生，而监理也不可能每天都对水流方向进行检查。

（4）温度控制过程中出现问题不易被发现，也得不到迅速的响应。温度控制是一项长期的持续性的工作，但是温控的实际结果超出设计质量标准的情况时有发生，依靠人工不可能做到实时全面的对比分析；加之影响混凝土温控效果的边界条件比较多，某一参数的异常变化就可能引起温控效果的较大波动，进而增大混凝土开裂的风险。例如，夏季高温季节的冷却通水通常会采用冷水机组降低通水水温，人工监控很难做到及时发现冷水机组的故障，故障持续时间往往会达几个小时。如果混凝土处于早期的温升阶段，却连续几个小时没有低温水对其进行冷却，会引起混凝土最高温度超过允许标准。

四、功能

丰满碾压混凝土重力坝防裂动态智能温控系统功能（图 2-6）以大坝混凝土防裂为根本目的，运用自动化监测技术、GPS 技术、无线传输技术、网络与数据库技术、信息挖掘技术、数值仿真技术、自动控制技术，实现了温控信息实时采集与传输、温控信息自动管理与评价、温度应力自动分析、开裂风险实时预警、温控防裂反馈实时控制等功能。

（1）温控信息实时采集与传输：通过采用相关温控信息实时采集设备，对大体积混凝土施工有关温控要素信息（包括混凝土浇筑信息、出机口温度、入仓温度、浇筑温度信息、进出口水温、流量、仓面温控信息、混凝土内部温度信息、温湿度、太阳辐射、风速、风向等）进行实时采集，通过无线或有线的方式将温控信息实时自动传输至服务器。

（2）温控信息高效管理与可视化：将温控信息纳入数据库进行高效管理，实现基于网络和权限分配的信息共享；设计相关温控管理图表，形成温控信息可视化管理平台，通过

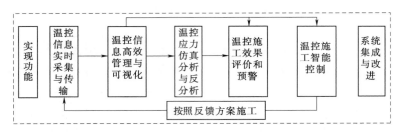

图 2-6 丰满碾压混凝土重力坝防裂动态智能温控系统功能图

该平台可实现海量温控数据的高效化管理和直观化显示。

（3）温度应力仿真分析与反分析：在温控信息高效化管理与可视化平台的基础上，根据实测资料进行温度应力的正分析及反分析，按照实际的进度提出温控周报、月报、季报、年报及阶段性科研分析报告，实时把握大体积混凝土的实际热力学参数及温度应力状态。同时，现场派驻科研人员定期参加相关温控咨询会议，提出咨询建议，为丰满大坝的浇筑提供技术支持。

（4）温控施工效果评价和预警：通过对温控信息的高效化管理与温度应力的正反分析，对混凝土温控施工情况进行评价，对海量实测数据及分析成果中的超标量进行实时预警，并对超标程度及处理情况进行类别划分及级别划分，将需要处理的意见建议通过统一的平台发送至不同权限的施工与管理人员。

（5）温控施工智能控制：按照理想化温控的施工要求，基于统一的信息平台和实测数据，运用经过率定和验证的预测分析模型，提出通水冷却、混凝土预冷、保温等施工指令，通过自动控制设备或人工方式完成下一个时段的温控施工。

丰满重建工程智能温控系统包括信息采集、信息查询、信息评价、信息预警报警、智能发布及干预。

1. 信息采集

（1）混凝土浇筑仓体型尺寸、空间位置、开（收）仓时间，单元工程名称、编码，混凝土分区（标号）、冷却水管布置参数等施工信息，由智慧管控平台自动推送。

（2）混凝土出机口、入仓、浇筑温度采用手持式测温仪，通过蓝牙连接到手机（移动终端），再由手机发送到服务器（人工不能修改测值）。

（3）环境温度、湿度、太阳辐射、风向风速，混凝土内部温度（一般一个浇筑仓 2～3 只温度传感器），冷却水进（出）口水温、流量、电磁阀开度等信息采用传感器自动监测，并发送到服务器上。

（4）混凝土温控标准，手工录入系统。如设计标准变动，则进行人工修改。

2. 信息查询

实现温控信息 22 种全要素的自动实时查询，主要包括浇筑信息、气温信息、机口温度、入仓温度、浇筑温度、通水信息、内部温度、太阳辐射热、运输过程中温度回升等，所有信息均支持以 Excel 表格的形式选择性自动导出。

3. 信息评价

以理想温度过程和实际温控结果进行对比，通过有限的 8 张表格和 12 张图形直观实时地全面定量评价温控施工质量。

4. 信息预警报警

实现混凝土寒潮信息、最高温度、降温速率、温度梯度、浇筑仓超冷、间歇期等信息的自动报警与预警。

5. 智能发布及干预

通过网络将报警预警决策支持信息发送至相关人员电脑或手机终端，以供施工管理人员及时处理，智能发布与处理流程如图2-7所示，并将处理情况反馈至服务器，完成管理闭环，干预反馈流程如图2-8所示。

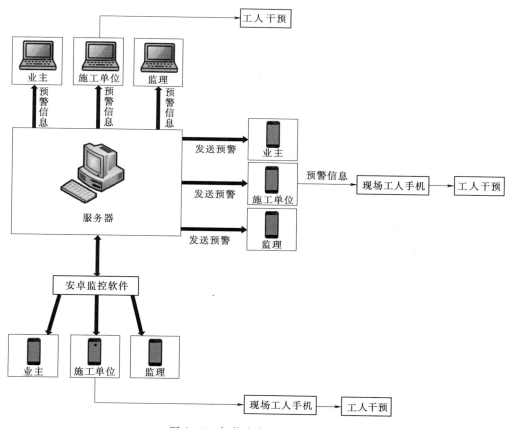

图2-7 智能发布与处理流程图

五、作用

通过采用智能温控系统提升了温度控制的实际效果，对防止和减少大坝混凝土产生温度裂缝起到了巨大的积极作用。

（1）采用自动化手段替代人工监测温控参数，大大减轻了施工人员的工作负担，提高了监测频次，使温控参数更加准确、监测结果真实可信。

（2）自动计算冷却通水参数，自动控制通水流量和流向调换。将一个大的浇筑仓分成

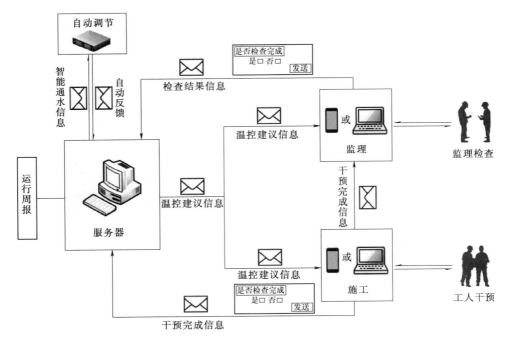

图 2-8　干预反馈流程图

几个独立的区域，按照各自的条件区分控制通水参数，实现了对冷却通水的精细控制，使混凝土实际温度过程线更接近于理想温度过程线，最大限度地降低人工操作错误对温控防裂带来的不利影响，温度控制效果明显提高。

（3）通过实时、全面的温控参数监控，各种异常情况能够被及时发现，并通过系统第一时间将报警信息发送给相关人员，施工人员可以迅速地做出响应，使异常问题得到及时处理。

（4）系统能够自动对海量数据进行计算统计，形成可视化的图表，为建设管理人员提供在线查询、实时评价、动态分析，为优化和调整温控措施提供决策支持。

（5）系统内记录了完整的温控信息与参数，一方面可以作为评价施工质量的依据，为项目验收提供全面系统的资料；另一方面也可以作为工程经验，为温控理论研究提供数据支撑。

第十一节　灌　浆　监　控

一、概述

在施工过程中，为保证灌浆质量，需要随时了解、分析灌浆质量，若出现冒浆、串浆、漏浆等异常情况，则要迅速结合地质资料及物探检测资料进行分析，以便迅速准确地找到应对措施。传统灌浆管理模式在地质、检测等数据管理方面存在不足，如钻孔设计、钻进、地质编录、压水、声波、钻孔电视等资料以电子文件形式分散保存，未建立逻辑联系，不便于直接进行灌浆质量的分析和统计。

鉴于以上原因，有必要基于网络数据库和三维可视化技术，建立一套帷幕灌浆检测分析可视化信息系统，从而实现对地质和检测资料的统一管理。根据坝段、钻孔编号和灌浆段进行管理，同时以先进的三维可视化手段，对钻孔的地质情况，以及灌浆前后的检测结果等进行形象和直接的对比和展示，方便快速掌握灌浆进度、质量，以及针对施工中出现的问题进行快速反应，为工程质量提供更为有力的技术支撑。

二、工作内容和流程

丰满重建工程灌浆工程包括大坝固结灌浆工程和大坝帷幕灌浆。该功能模块依据固结灌浆和帷幕灌浆的典型施工过程，分为灌浆计划、灌浆准备、施工过程管理、质量管理、综合查询与分析等五个方面对大坝施工期的灌浆施工数据进行集中采集、汇总、分析、评价及展示。大坝灌浆施工过程业务流程图反映了灌浆施工过程及业务数据间的逻辑关系如图 2-9 所示；灌浆施工过程工艺流程如图 2-10 所示。

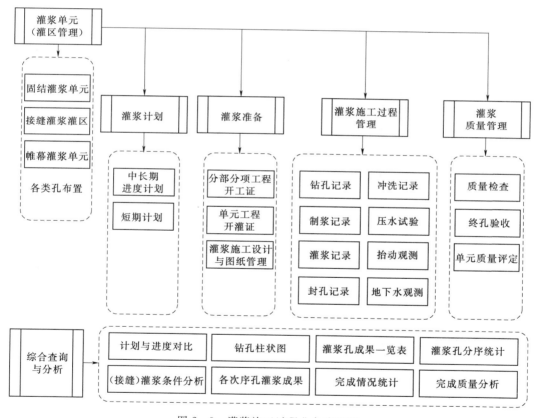

图 2-9　灌浆施工过程业务流程图

三、传统管理模式存在的问题和难点

灌浆属于隐蔽工程，人为影响因素较大，难以进行精准的质量控制。目前在工程上，评价灌浆质量和防渗效果的方法多样，压水试验法是最普遍使用的方法，但该方法有其局限性，特别是在充泥地层中，试验水压力若不足以穿透黏土充填物时，其渗漏系数很小，甚至为零，当压力超过某一极限值后，充填物将被穿透而发生大量渗漏。

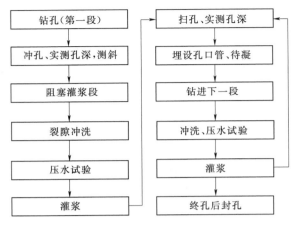

图 2-10　灌浆施工过程工艺流程图

四、功能

1. 数据三维化和可视化

大坝基岩灌浆检测分析可视化信息系统将空间数据和属性数据进行有机整合，使之符合统一的规范和标准，并对数据进行有效的组织、管理和存储。采用先进的三维可视化手段，改变传统数据库系统中以表格、列表为主的枯燥表现形式，代之以不同颜色对照图例确定灌浆各段的透水率和灌浆效果，以形象、直观的三维图形进行展示。在实用的前提下，满足技术方向的高起点和先进性，实现帷幕灌浆三维化和可视化查询需求。

2. 地质分析成果便捷化

大坝基岩灌浆段可以显示该灌浆段的施工信息，为与普通灌浆孔区分，物探检测孔顶部有一个点，绿点表示灌前检测孔，蓝点表示灌后检查孔，通过选取相应的菜单功能，可以显示相应的信息，通过将每段颜色对照图例，可以确定透水率范围，确定本段透水率。施工情况和灌浆数据快速与地质资料及物探检测资料进行参照分析，根据地质资料及物探检测资料提出灌后地质模型，迅速而准确地提出相应的地质结论，为设计、施工、竣工评定及竣工后分析处理提供可靠的数据支撑。

3. 灌浆自动记录质量可控化

大坝基岩灌浆监控系统采用的 GJY 型灌浆自动记录仪是具有流量计、压力计、密度计及抬动仪的"四参数"灌浆自动记录设备，可同时测量并记录两路灌浆机组施工全过程实时技术参数。设备自身具有数据加密、数据防盗改功能，可通过无线灌浆管理信息系统联网，传输至灌浆数据服务器，实时记录现场流量、压力、密度及抬动等数据，避免了灌浆过程中作弊情况的发生，确保了大坝基岩灌浆效果及灌浆数据的真实性。通过设定抬动报警值有效防止灌浆过程中的抬动发生，并对灌浆后压水检测效果进行数据评价。

4. 实现数据整体化和集成化

"丰满大坝数据一体化平台"及"无线灌浆管理信息系统"等信息系统保持畅通，确保与现有系统实现数据共享。以影像声波查看为例，可按钻孔影像分段进行查看，实现无缝拼接。优化数据结构和组织方法，减少数据冗余，同时，采用先进的设计方案和建库标准，采用先进的数据库管理平台，保证数据获取、建库、管理和质量控制等过程，可以随意查看该孔灌浆量、灌前、灌后效果，所有影像与声波对比，并有影像图像验证物探检测效果。实现了系统科学、高效和可靠运行，为大数据查询提供了依据。

5. 开放性和安全性相结合

大坝基岩灌浆监控系统可通过一体化平台安全登录访问，工号是由系统管理员根据系统相关使用规则编制而成，通过在一体化平台联网电脑输入用户账号及密码即可登录系统，查询大坝基岩灌浆监控系统相关内容，系统平台设置隔离措施，确保平台网络外用户无法进入系统界面。根据用户的权限归属进行管理，并通过各级用户审核确认，充分实现灌浆计划、灌浆设计、施工过程、质量管理、综合查询等模块数据共享与交换，有效防止数据的丢失、盗取和非法拷贝。

五、发挥的作用

大坝基岩灌浆智能信息化系统模块的建设，充分利用现有的、先进的网络信息技术、物联网技术、三维可视化技术，结合现场实际的施工管理体系，建设了面向业主、设计、科研、监理、施工及试验检测单位的集大坝工程施工信息采集与质量进度控制功能于一体的综合管理平台；并实现了基岩灌浆进度与质量数据的在线实时采集、分析、预警、反馈、评价机制功能；并通过全面继承地质成果、灌浆施工工艺过程、形成完整的工程数字化档案，对工程设计管理、施工过程管理、质量管理到成果管理在内的施工全生命周期的灌浆监控提供了数据支撑。最终为大坝枢纽的竣工验收、安全鉴定及今后的运行管理提供数据信息平台。

第十二节　核子密度仪

一、概述

相对密实度（压实度）[1] 是指碾压混凝土碾压完成后表观密度与理论压实密度[2]的比值，是碾压混凝土施工质量控制中一种非常重要的检测指标，用于评价混凝土碾压实际效果。

相对密实度＝表观密度/理论密度

碾压混凝土的表观密度一般采用核子密度仪（核子水分-密度仪的简称）在施工现场原位检测，然后计算相对密实度，进而评价混凝土碾压质量。本节主要描述混凝土表观密度现场检测数据的采集、质量评价和统计汇总。

二、传统管理模式存在的问题

1. 核子密度仪检测数量巨大

《水工碾压混凝土施工规范》（DL/T 5112—2009）要求，碾压混凝土每 100～200m²

---

[1] 压实度：试验室标准击实方法获得的密度［《核子水分-密度仪现场测试规程》（SL 275—2014）］。

[2] 碾压混凝土理论压实密度：即拌和物表观密度。试验方法：在试验室内按照施工配合比拌制混凝土，装入容量筒，上部放置标准压重块，使碾压混凝土表面压强达到 4.9kPa。在振动台上持续振动到标准时间后，测定理论压实密度［《水工碾压混凝土试验规程》（DL/T 5433—2009）］。

检测 1 点。丰满新坝混凝土总量约 280 万 m^3，其中碾压混凝土接近 200 万 m^3，碾压层厚度为 300mm。按体积计算每 30～60m^3 检测 1 点，需要检测超过 30000 点。为保证施工质量，丰满建设局在合同（招标文件）中约定，施工单位检测 30%，第三方试验室检测 90%，监理检测 10%，合计检测数量为规范要求检测数量的 130%。丰满新坝需要采用核子密度仪检测碾压混凝土的表观密度超过 40000 个测点。目前丰满已浇筑碾压混凝土 142.72 万 m^3，检测表观密度 34769 点，其中施工单位检测 9217 点，第三方试验室检测 23202 点，监理检测 2350 点。

2. 人工记录重复工作较多

现场人工记录采用填写表格的形式记录核子密度仪的检测结果。记录的内容包括：单位工程、分部工程、单元工程名称与编码、施工部位（桩号与高程）、碾压层编号、混凝土标号、测点编号、检测时间、检测单位、检测人、表观密度测值。

施工部位、碾压层编号需要重复记录。

每个测点检测 4 个方向的表观密度，检测人员需要计算 4 个方向的平均值作为该点的测值，再根据测点所属的混凝土标号计算测点的相对密实度（压实度）。相对密实度需要实时计算，以便发现没有达到质量标准的点，并及时进行补碾和复测。

现场记录一般保留在作业面，便于监理和质检人员在施工过程中查阅，浇筑仓施工完成后，则带回办公室，并将检测数据抄录到电脑中，用 Excel 进行统计分析。

3. 人工记录填写不规范

现场检测人员有时会对某些内容简化记录，也有可能出现文字不工整的情况。其他人员查阅检测记录时会存在辨认困难甚至引起误解等问题。例如，检测日期没有填写年份、简化单元工程名称、漏填碾压混凝土标号，这些疏漏都可能给查阅检测记录带来困难。

4. 人工记录可能存在错误

检测人员从核子密度仪上读取检测结果并填写记录表，从记录表抄录到电脑中都可能发生错误。虽然这两个环节都有校核，但仍然可能发生错误。

5. 记录污损或丢失

人工记录的记录表存在污损和丢失的风险。

三、功能

系统中，核子密度仪这项功能主要是使用移动终端（手机）来采集碾压混凝土现场表观密度的检测结果，并对检测结果进行计算、统计。

1. 检测结果采集

（1）系统会提供近期正在施工的单元工程列表，检测人员若在列表中选择正在检测的单元，单位工程、分部工程、单元工程名称与编码、施工部位（桩号、高程）等单元工程基本信息则会从系统中直接调取。

（2）检测单位和检测人员与登录系统的用户的自动关联获取。

（3）碾压层编号从第 1 层开始，每个碾压层检测完成后，经检测人员确认编号后自动加 1。

（4）测点编号自动编排。

（5）每个测点 4 个方向的表观密度值由检测人员录入。录入完成确认时刻的服务器时间作为检测时间。

（6）测点的混凝土标号从下拉列表中勾选，关联对应的理论压实密度。

2. 自动计算和实时评价

系统会自动计算 4 个方向表观密度的平均值和相对密实度。

3. 不合格测点处置

如果相对密实度低于 98%，系统会弹出提示信息，请检测人员复核表观密度测值录入是否正确。若测值正确，系统则会向相关质检和监理人员发出告警信息。经处理完成后，对该点进行复测的结果会覆盖原测值，并将原测值作为备注信息进行保存。

4. 统计

系统自动统计每个碾压层的检测点数、合格率、相对密实度的平均值、最大值、最小值，汇总浇筑仓内各层的数据，并对各单位的实际检测点数进行符合性评价。系统还可以根据设定的检测单位、检测时间等条件对检测结果进行统计，进而生成定期或不定期报表。

5. 查询

功能与试验检测类似，在此不作详述。

四、作用

（1）减少重复工作，提高效率。检测人员只需要将核子密度仪 4 个方向的检测结果录入到移动终端（手机），并选择该点的混凝土标号，其他信息便可由系统自动填写或计算，从而减掉了从人工记录向电脑抄录的环节。

（2）系统可自动调取碾压混凝土施工单元的基础信息，检测人员不必从其他单位（部门、人员）获取信息，而且从系统中获取的信息更加完整，更加规范。

（3）提高计算的准确性，避免了人工计算可能出现的错误。

（4）移动终端替代人工记录，避免了记录污损或丢失。

（5）检测结果和告警信息会实时推送给相关的监理和质检人员。相比人工记录，检测结果的传递更及时。通过信息集成技术，将检测结果与三维模型关联在一起，监理和质检人员可以通过三维模型查询核子密度仪的检测结果，或者与其他质量控制信息进行对比分析。

第十三节 拌 和 系 统

一、概述

拌和系统是混凝土生产的主要设备。水电工程混凝土施工质量以拌和楼出机口取样的检测结果作为评价依据。拌和系统的质量控制对于混凝土质量至关重要。

拌和系统主要包括卸料平台、地磅、骨料仓、粉料罐、皮带机、外加剂配制及供应系统、配料称量系统、拌和机、制冷系统、供水系统、供电系统、供风系统、控制系统等部分。

目前，大多数混凝土拌和系统具备自动控制系统，操作人员只需要将混凝土拌制数量、配合比、拌和时间等参数输入控制电脑，电脑会自动控制各种设备运行，拌制施工现场需要的混凝土。在这种生产方式下，对混凝土质量影响最大的是配合比，也就是每一盘混凝土的实际配料单。

拌和系统的工作人员接受两方面的指令：一方面是浇筑仓面的作业指挥人员的生产指令，主要是混凝土标号、生产方量、生产时间；另一方面是试验人员提供的混凝土配合比参数，以及根据现场实际情况对配合比进行调整的指令。这些指令的结果最终都反映在每一盘混凝土的实际配料单上。

丰满重建工程在左右岸各布置了 1 套拌和系统，左岸拌和系统配置 2 座 $2\times4.5\text{m}^3$ 拌和楼，右岸拌和系统配置 1 座 $2\times6\text{m}^3$ 和 1 座 $2\times3\text{m}^3$ 拌和楼。

二、传统管理模式存在的问题和难点

1. 混凝土配料单查询不便

混凝土配料单历史记录保存在拌和楼控制电脑内，由于没有与其他电脑交换数据的接口，只能在拌和楼控制室查询或打印，而且每座拌和楼只有自身生产的混凝土配料单记录。拌和楼后台数据库功能简单，无法进行复杂的组合条件检索，要想获得符合某种特定条件的配料单，需要在电脑查询的基础上进行人工筛选，查询效率比较低。例如，质量管理人员需要对某一时间段、某一浇筑仓内的某种标号的混凝土配料单进行查询，只能采取将该时段内的所有配料单打印出来进行人工筛选，而不能将其导入其他电脑用 Excel 表格等工具来筛选。

2. 混凝土拌和质量难以全面监控

混凝土工程每个浇筑仓生产都是连续的，一般要持续几个小时到几天，拌和楼拌制混凝土的数量很多，特别是碾压混凝土重力坝，一个大型浇筑仓要连续浇筑几万方混凝土，持续时间超过 7 天，拌制混凝土超过 1 万盘❶，常常由多座拌和楼共同完成。混凝土生产的这种特性，导致全面监督每一盘混凝土的配料和生产的想法难以实现。

传统模式下，监理和质检人员在混凝土生产过程中会对拌和楼进行巡视检查。检查的内容为混凝土生产质量控制的各种因素，包括混凝土配料单。而且配料单要与骨料级配、骨料含水量、外加剂浓度、工作度❷的实时检测结果配合使用才能评价混凝土生产质量。这样一来，即使有经验的质量管理人员也难以监控每一盘混凝土的生产质量。

3. 混凝土配料单动态调整过程可能出现人工差错

混凝土生产过程中，要根据骨料级配、骨料含水量、工作度的变化情况对配料单进行实时调整。碾压混凝土生产持续时间比较长，浇筑过程中一般要多次调整配料单。施工现场环境温度、湿度发生变化时要调整混凝土用水量以获得最佳的工作度，骨料级配变化时

---

❶　盘是混凝土拌制次数的单位，按照配料单一次投入原材料在搅拌斗中拌制成混凝土为 1 盘。

❷　反映混凝土和易性的检测指标，包括坍落度、VC 值、扩展度。

要调整不同粒径骨料的掺配比例，骨料含水量发生变化时要调整拌和水的掺量以保证水胶比与理论配合比一致。

传统的管理模式下，配料单调整由施工单位试验人员提出申请，经监理审核批准后，由试验人员送至拌和楼（一般是书面的形式）。拌和楼操作人员按照调整后的配料单进行生产。调整过程中可能会因为信息传递延时、人工计算错误、人工操作错误等因素，导致混凝土质量发生波动。

三、功能

（1）配料单数据自动采集。系统实现了对 4 座拌和楼全部配料单的自动采集，每天定时发送到服务器，在服务器内保存完整的混凝土配料单信息。

（2）系统按照浇筑仓、拌和楼、混凝土标号等预置的组合条件对全部配料单进行自动筛选和统计，并与单元工程进行关联。

四、作用

1. 可方便快捷地查询相关信息

系统将混凝土配料单进行分类统计并集成于三维模型，监理和质量管理人员可以随时通过三维模型直接查阅单元工程的混凝土生产信息，也可以设定组合条件对全部配料单进行查询检索。

2. 可将数据快速导出，为数据分析提供依据

系统提供数据导出功能，可以将查询结果导出为 Excel 文件。质量管理人员可以对混凝土拌和信息进行深入分析，为质量管理活动提供数据支撑。

第十四节 进 度 管 控

一、概述

建设工程项目的全寿命周期大体上分为决策阶段、实施阶段和使用阶段（运营阶段）。

进度管控贯穿于水电工程项目全生命周期。所有参与项目的单位都有各自的进度目标，都需要对进度进行管理和控制。目前国内的实际情况是，投资控制和进度控制是业主（建设单位）的主要工作职责，关于进度控制的重大决策一般则由业主主导或决定。系统的主要作用应该是为进度决策提供充足的信息和科学的分析结果。

水电工程项目进度计划是施工组织设计的一部分，与施工总平面布置、施工方法、施工资源配置之间有紧密的联系，而且受施工现场的各种自然条件等因素的影响，是一个动态的系统。各种因素随时在变化，因此进度控制是对进度计划逐步细化并调整完善的过程。

国内外有很多用于编制进度计划的商业软件，多数是依据网络计划的原理，实现计算机辅助进度计划编制和调整。主要解决的问题包括：计算机可替代人工进行时间参数计算，并迅速得到准确的计算结果，对计划进行方便快捷的调整，也有部分软件实现了资源

匹配功能（如 Project）。

当下也有很多从事进度计划分析系统研究的企业、事业单位。其主要的研究方向是对复杂的进度计划进行优化。由计算机发挥其强大的计算能力来调整进度计划中的部分参数设定，以生成数量庞大的备选方案，最终通过计算确定最优的组合方案。

这些软件比较偏重于计算，在进度计划编制上能够发挥较强大的功能和作用，但对工程管理实务性工作的覆盖面较小（作用难以全面发挥，实用性不佳）。

智慧管控系统主要致力于工程项目管理的实际工作，由计算机替代人工来完成简单的重复劳动，从而提高工作效率，实现精细化管控。

二、工作内容

工程进度计划的分类有如下几种情况。

（1）按照设计深度的不同，分为规划阶段、预可研阶段、可研阶段、招标阶段、施工阶段，各阶段都有各自的进度计划，其每阶段的下一阶段更细致、可操作性更强。

（2）按照计划周期（时段）的不同，进度计划分为总进度计划、年进度计划、月进度计划、周进度计划、日进度计划。

（3）按照管控的目标不同，进度计划分为工程总体计划、设计进度计划（供图计划）、招标计划、施工（含安装）进度计划、物资设备供应计划、试验进度计划、验收进度计划等。一般项目不对后两项做专门计划。

工程进度计划管理内容包括如下几方面。

（一）传统的管理模式

水电工程项目实施过程中，由于组织、管理、经济、技术、资源、环境和自然条件（地理和气候）等因素的影响，往往会造成实际进度与计划产生偏差，如果不能得到及时纠正，将影响总进度目标的实现。因此，需要采取必要的措施对进度进行管理和控制。

进度管控的主要工作包括确定目标、编制进度计划（目标分解）、跟踪检查计划的实施状况、对进度计划进行调整。其实质上是持续进行计划（Plan）、实施（Do）、检查（Check）、处置/纠偏（Act）的过程。

项目决策阶段进度管控的主要工作是确定工程进度目标。通过科学的分析和论证，确定合理的工程总体进度目标，具体来说就是工程的总工期和关键节点工期目标。

其具体的工作包括收集相关资料、编制总进度计划、论证总进度计划的可行性、确定进度目标和关键（里程碑）节点工期。这个阶段的总进度计划一般由设计单位完成，业主的主要任务是配合设计单位搜集资料，并参与总进度计划可行性论证。

1. 资料收集

水电工程项目决策阶段的时间跨度一般比较长，工程规划阶段、预可研阶段、可研阶段可能是分别由不同的设计单位负责。业主需要将上一个阶段的资料完整地移交给设计单位，这些资料主要包括政府主管部门的审批文件、各阶段设计报告、专题报告和报告的评审意见。

2. 编制总进度计划

设计单位对项目进行结构划分，将工程项目分解成若干工作项，并确定每个工作项的工程量（工作量）、开始时间和完成时间，按照各工作项之间的逻辑关系排序，形成总进度计划、绘制关键节点的形象面貌图。总进度计划一般以横道图或时标网络图的形式展现。

3. 可行性论证

一般由业主组织专题会议，聘请专家，听取设计单位的汇报，查阅相关资料，根据专业知识和经验讨论进度计划的合理性。并提出意见或建议，再由设计单位进行调整完善。（注：这里所说的论证不是行业主管部门委托专业机构对各阶段设计成果的评审。）

4. 确定进度目标和关键节点工期

总进度计划经过多次调整并最终确定，进度目标和关键节点工期也就确定下来了。进度目标主要包括总工期、开工时间、投产时间、完工时间。关键节点工期包括主体工程开工和完工时间，各年度汛面貌及完成时间，下闸蓄水时间，主要工作面移交时间，重要工序开始时间和其他重要的时间节点。

（二）项目实施阶段进度管控工作

项目实施阶段（特别是施工阶段）进度管控的主要工作是编制工程进度计划、检查计划实施情况和调整计划，以保证工程进度目标的实现。

这个阶段的进度计划是由多家单位、多种周期的计划所组成的系统。计划之间相互配合，相互影响，需要对其进行协调。

1. 进度计划编制

（1）标段总进度计划。业主（或委托监理）组织各参建单位根据项目总体进度目标和关键节点工期，对进度目标进行细化分解，来编制各自标段的总进度计划，包括供图计划（设计工作计划）、主要标段施工计划、设备供应计划、材料供应计划等。这一阶段的进度计划仍然属于指导性的进度计划，其深度仍然没有达到执行计划的深度。

对于标段总进度计划，重点工作是审查标段计划是否符合总进度目标，分析评价主要施工项目的施工强度（如土石方开挖强度、混凝土浇筑强度）的合理性，探讨人员、设备投入是否充足，主要材料供应强度是否满足施工需要，以及各标段施工项目之间的搭接是否合理。

每个标段在施工前都必须编制标段总进度计划，报送监理单位审批。并由监理（或业主）组织一系列的专题会议，来讨论各标段总进度计划和各标段计划之间的衔接，并对各标段计划进行总体协调，使之成为一个科学合理、协调统一、符合总进度目标的计划系统。

（2）年进度计划。各参建单位每年底对标段总进度计划进行细化分解，编制下一年的年进度计划。确定主要工序开工、完工时间节点，各标段工作面交接时间，主要项目（如土石方、混凝土、钢筋）计划完成的工程量、主要材料供应量等，年度投资计划等内容。

对于业主和监理而言，其主要工作是审查年度计划的可行性与合理性，对各标段、设计、材料供应计划进行总体协调。重点保障施工进度以符合总进度目标及截流、度汛等关键节点的要求。年进度计划偏重于指导，可操作性比较低，主要是用来指导年度工作总体安排。

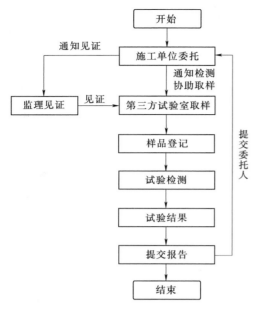

图 2-11 月计划编制流程

（3）月进度计划（图 2-11）。月进度计划是将年计划中粗线条的工作项细化分解到施工管理单元（如混凝土浇筑要分解到仓），确定其工程量、开工时间、完工时间，并按照工序衔接的逻辑关系排列，根据具体的施工方案（方法/措施）配置必需的施工人员和设备，组织材料供应。

月进度计划是执行计划，也是进度控制中的关键环节。一般水电工程都将月进度计划作为进度管控的重点。

月进度计划一般采取专题会议（月计划专题会议）讨论的方式来审查其可行性与合理性，会议重点分析评价计划是否符合总进度目标和关键节点工期的要求，施工强度的可行性，工序搭接的合理性，施工方案的可行性，施工人员与设备配置是否充足，材料供应强度与施工强度是否匹配。

（4）周进度计划。周进度计划是将月进度计划以周为单位来进行分解，与月进度计划深度相同。一般不对其进行审批或分析评价。

监理会在每周组织例会，听取上周计划完成情况和本周计划安排，检查周进度是否存在偏差，若存在偏差则需要采取相应的措施对其及时调整。

（5）日进度计划。日进度计划主要用于组织现场施工，工作项更加细致，可分解到工序的级别，计划一般由施工单位自行控制。

（6）进度计划执行情况检查。应定期对进度计划的实际执行情况进行跟踪检查，收集相关信息，对于关键线路上的工作项要进行实时跟踪检查。检查的内容主要包括：各工作项的实际进度、资源投入情况、影响进度的主要因素、施工过程中的突发状况（如暴雨、洪水、阻工）等。

对收集到的信息进行整理，形成与计划目标可以进行对比的结果，以判断实际进度与计划是否存在偏差，并分析偏差产生的原因。同时对未来的进度进行预测，以判断对总进度目标的影响。

2. 进度计划检查

进度检查一般是由监理实施，通常采用周例会、月进度会、年进度会、进度协调会等会议的形式，或以周报、月报、年报等报告的形式，最直接的方式是现场巡视检查工程进展情况。

常用进度检查成果的形式包括：进度报告、形象进度图、横道图、时标网络图——前锋线、计划进度完成情况表、进度偏差表、施工强度曲线、工程进度曲线等。

（1）进度报告，主要以文字的形式描述进度完成情况，包括完成的工作项、工程量、投入的人员和设备、与计划进度的偏差、偏差产生的原因、对总进度目标的影响等内容，并辅以形象进度图、计划进度完成情况表、施工强度曲线等图表，是工程中最常用的总结汇报方式。进度报告一般不单独成文，而是作为工程定期工作报告（周报、月报、年报）的组成部分。

（2）形象进度图，以主要建筑物（大坝、厂房、隧洞）或设备（水轮发电机组）的剖面图为基础，用不同的图例（颜色）标示计划进度目标与当前实际完成的形象进度。

（3）横道图，将工作项的实际开始时间、结束时间和工期直接标注在横道图的对应位置，用来比较进度执行情况与计划的偏差。

横道图是编制进度计划的常用形式，其实质上是一种特殊的表格，左侧表头为工作项及其简要说明，然后列出工作项的开始时间、结束时间、持续时间，水平方向是时间坐标，以横线标示出工作项在时间轴上的位置，用箭线表示工作项之间的逻辑关系。

（4）时标网络图——前锋线，在原时标网络图上，自上而下从检查时间的时标点开始，用点划线将各工作项实际进度所到达的前锋点连接起来。前锋点与时标点的相对位置就是进度执行情况与计划的偏差。

时标网络图是以时间为水平坐标的网络计划，实箭线表示工作项，虚箭线表示虚工作，波线表示自由时差，双线或粗线表示关键线路。

3. 进度计划调整

进度计划调整的实质是对尚未完成的施工任务作重新计划编制。周计划一般只对执行情况进行检查而不做调整；月计划弹性比较大，现场条件的变化对其影响也比较直接，需要动态调整；年计划弹性比较小，一般只在年内进行局部调整，尽量不将工作任务推迟到下一年；标段总进度计划、项目总进度目标和关键节点应严格落实和执行，一般不做调整。

施工进度计划调整的大原则是不能突破项目总进度目标。关键线路上的施工项目需要严格控制，若发生偏差，应及时发现并采取有效措施调整，以保证总进度目标的实现。施工阶段的进度偏差一般对于拖延工期，存在少数工作项提前完成的偏差一般不予调整。对于拖延工期调整的方法主要包括调整资源投入、调整工作项之间的逻辑关系、调整施工方案（方法）等。

（1）调整资源投入：通过增加人员、设备投入，挖掘现有资源的潜力增加每天有效的工作时长，缩短工作项的工期（持续时间）。

（2）调整工作项之间的逻辑关系：将顺序施工的工作项调整为流水作业或平行作业，或者将某些工作项的先后顺序进行调整。例如，原计划先浇筑左岸的某仓混凝土，后浇筑右岸的另外一仓混凝土，由于左岸模板安装拖延，可以调整为先浇筑右岸的混凝土。

（3）调整施工方案：通过采取其他更高效率施工方法、技术方案提高施工强度。北方地区还可以采取冬季施工增加有效的施工时间。施工方案的调整一般都会涉及资源投入和逻辑关系的调整。

调整后的进度计划同样需要对可行性和合理性进行分析评价，与编制计划部分基本相同，在此不作详述。

三、传统管理模式存在的问题和难点

（1）需要掌握的信息来源广、种类多、数量多，时间跨度大，获取信息需要较多的时间，准确性难以保证。

（2）工程量计算困难，工作量较大、进行多方案必选和优化比较困难。

（3）参与单位和人员多、影响因素复杂多变，组织协调困难。

（4）推演深度不足，难以发现计划中存在的矛盾。

（5）逻辑关系复杂，难以实时推演和动态调整。

（6）进度偏差检查不及时、不直观。

1）不及时。一般来说，进度计划每周都在监理例会上进行一次检查，期间发生的进度偏差难以及时发现，而难以及时采取有效措施予以调整。

2）不直观。工作项与具体施工部位没有直接关联，难以直观地发现偏差，最终可能导致不良后果。

（7）信息传递不及时。施工进度计划信息的传递依靠工程建设管理人员点对点的沟通和交流，信息传递的节点多、路径长、效率低、准确性差。

例如，水泥供应商编制月生产计划和供货计划，想了解施工进度的实际执行情况，生产进度与现场施工是否协调，供应强度与使用强度是否匹配。路径：计划编制人员—供货代表—业主代表（物资管理）—业主工程技术管理人员—监理工程师—施工单位工程技术部门领导—施工单位工程技术人员，提出要求的路径和信息反馈的路径方向相反，节点数目都是 7 个。负责信息收集整理具体工作的施工单位技术人员可能还需要从施工单位内部的其他部门来获取需要的信息。监理工程师要汇总各标段（大坝、厂房、灌浆）的信息，至少要 1 天的时间供应商才能得到反馈。如果某个节点出现问题或差错，信息反馈的时间将会更长。

四、功能

（一）计划推演

1. 资料查询

平台可以储存从项目立项阶段开始的各种图文资料，平台可提供全文搜索、实时调阅的功能，帮助进度计划编制人员和管理人员快速获取相关信息，包括各阶段、各种周期进度计划及相应施工方案，预可行性研究、可行性研究、招标等阶段的设计报告、专题报告和批复文件，会议纪要、大事记，工程建设相关的管理标准和技术标准等。

了解项目决策阶段、施工准备阶段各项主要工作的实际进展（本身也属于计划的一部分）。

2. 信息集成

系统通过信息集成技术，在工作项与不同级别的进度管控对象之间建立有机的联系，对象的基本信息（如单元工程名称、编码）可通过其他功能模块采集，进度管控模块可直接使用。

3. 进度计划编、审

工作人员只需按照固定的格式在平台上录入每个计划项的名称、工程量、高程、桩

号、计划开始（完成）时间等特征参数，即可完成进度计划的编制；土建、机电、金属结构、水保、环保专业技术人员可以分别编制本专业的进度计划，在平台上组合成整体计划。

管理人员可以在授权范围内修改和审批进度计划（总体、标段、年度、月、周）。各单位、各级别、各专业的管理人员面对统一的对象（某一进度计划）协同工作。各级管理人员可以对计划进行审查，提出修改、完善的意见或建议，也可以直接对进度计划进行调整。平台可记录每一次添加、修改工作项或审查意见的内容、时间、负责人等信息。

4. 三维动态模型推演

平台可以按照进度计划的内容，自动生成三维动态模型（电子沙盘），来模拟进度计划的实施，进而推演计划实施过程的面貌。

平台可根据计划中的每一个工作项的特性参数，构建对应的三维模型，放置在空间中的对应位置，并按照其计划开始（完成）时间以颜色或闪烁显示。所有工作项对应的三维模型组合在一起，即可模拟计划实施的面貌。若修改工作项的特性参数，三维模型随之同步变化。

三维模型的下部是时间轴，可以选择自动播放或由用户拖动用于标识当前时间的滑块，会跟随时间的变化驱动三维模型进行进度推演。实体表示已完成的工作项，虚影表示未完成的工作项，闪烁状态表示正在进行的工作项。滑块移动到某一时刻，三维模型显示的即为当前时刻对应的计划工程面貌。

鼠标在三维模型的某一位置悬停，便可以拾取该部位的小模型，将其轮廓边界凸显出来，同时显示小模型对应工作项的名称、高程、桩号、工程量、计划开始（完成）时间、施工强度等特性参数。

三维模型的上部显示主要施工项目当前时间计划完成的工程量和比例。

三维模型可以根据需要，标示出建筑物的名称、体型尺寸、特征水位等特性参数，也可以标示出关键节点工期应达到的面貌（如度汛面貌、隧洞贯通位置）。

平台可以根据需要设置不同的场景，场景中可以包含项目全部建筑物和设备模型，也可以包含单体建筑物或数个建筑物和设备模型；时间轴的刻度可以设置月、旬、周、日等不同的精度。

5. 量化指标计算（推演）

系统可自动统计汇总同类工作项的工程量。同时可自动计算当期计划工程量，期末累计完成工程量及比例，期末剩余工程量及比例。

系统可计算每个工作项的施工强度（日平均），并将同类工作项的施工强度按照时间进行叠加，绘制施工强度曲线（图2-12）。

根据预置的配合比，计算混凝土原材料用量，包括水泥、掺合料、外加剂、各种规格的骨料，也可以计算各种材料每天的计划用量，来绘制原材料使用强度曲线。

筛选当期施工强度和原材料使用（供应）高峰期出现的时间及强度值。

6. 成果输出

平台可以按照预置的格式，将进度计划工作项及其特性参数列表、工程量汇总统计

▨本月进度计划、实际进度浇筑强度

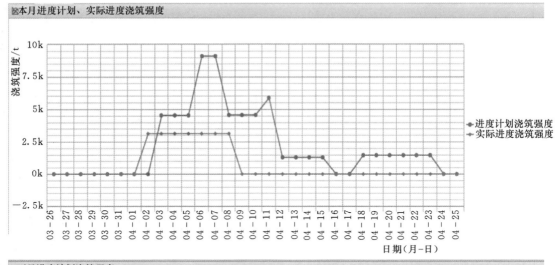

▨下月进度计划浇筑强度

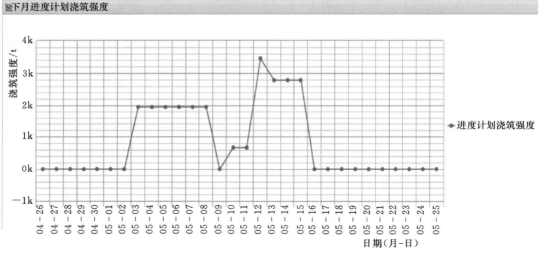

图 2－12 月计划混凝土浇筑强度曲线

表、施工强度曲线、原材料使用强度曲线、高峰期出现时间和强度值等量化指标计算结果以 Word 或 PDF 格式输出。

用户可以在三维动态模型上截取任意时刻的面貌图,以图形文件格式输出。

(二)实际进度跟踪

1. **实际进度信息采集**

现场施工管理人员可以根据进度管控的实际需要,通过移动终端(手机)或 PC 端采集不同级别对象(对象——工作项:单位/分部/单元/工序/施工管理单元)的实际进度执行情况(实际开始/完成时间)。

系统可以按照登录用户的需要(指令),列出月(周)计划中的工作项内容所对应的对象,以便用户快速查找进度管控的对象。用户仅需要点击按钮,系统即会将当前时间作为默认值记录为对象的实际开始（完成）时间，也可以人工修改默认时间。

2. 自动计算和状态判断

对于某个工作项包含多级子项（不同级别的进度管控对象）的情况，系统会根据子项的进度信息，自动计算上级工作项的进度信息，来判断其进度状态（未开始/进行中/已完成）。分部工程进度信息依据所属单元的信息进行自动计算，单位工程依据所属分部的信息进行计算。

例如，月计划的工作项为"××碾压混凝土"，工程划分为单元工程，基本信息通过工程划分或仓面设计功能被采集到系统中，其下包含基础面、模板、钢筋、埋件、混凝土浇筑等工序。在实际工作中，通过移动终端采集各工序的实际开始（完成）时间，系统会自动选择各工序最早的开始时间和最迟的完工时间作为单元的进度信息，并判断其当前的进度状态。

3. 量化指标计算（进度执行情况统计）

系统可自动统计汇总当期（本月）完成的工作项，自动计算当期主要工程量完成情况、累计完成工程量及比例、未按计划完成的工作项和未完成的工程量。

系统可计算每个工作项的施工强度（日平均），并将同类工作项的施工强度按照时间进行叠加，来绘制施工强度曲线，并与计划强度曲线放在一起进行比较。

系统可计算混凝土原材料用量、各种材料每天的实际用量，并绘制原材料使用强度曲线。

系统可筛选当期施工强度和原材料使用（供应）高峰期出现的时间和强度值。

4. 查询统计

平台根据进度管控的实际需要，可按照时间、范围（标段、单位、分部）、进度状态等条件进行组合查询，并汇总工程进度执行情况信息。平台可以进一步对查询结果进行统计，计算工程量完成情况、主要原材料使用量等数据。

5. 三维模型展示

平台可以根据施工管理单元的实际进度信息，以动态三维模型的形式展示工程形象面貌。实体表示已完成，闪烁状态表示正在施工。下部是时间轴，上部显示主要项目的工程量统计结果，包括本周、本月、本年、累计及其比例。鼠标浮动至某一施工管理单元模型上，便可显示其名称、编码、计划和实际开始（完成）时间。

（三）偏差分析

1. 偏差计算

平台可根据每一个工作项（进度管控对象）开始/完成时间的计划值和实际值，自动计算进度偏差值，确定进度计划执行结果（按期完成/提前完成/滞后完成/未完成/未开始），并与相关的施工管理单元三维模型进行关联，最终保存在数据库中。

2. 当前面貌

在三维动态模型上，显示当前工程形象面貌，并以不同颜色标示出每一个施工管理单元（小模型）进度计划执行结果。通过移动时间轴上的滑块可以回溯开工至当前之间的任意一天，并查看当天进度计划执行结果。

3. 年度计划完成情况

平台提供年度计划与完成情况总体面貌对比功能。在三维模型上根据需要标示年度计划面貌的主要参数（如高程、桩号），系统可以自动计算对应的当前实际完成参数，并标示在模型上。

平台也可以根据需要设置关键节点（里程碑）计划与实际完成情况总体面貌的对比场景。例如，截流、度汛、蓄水。

五、作用

（一）计划推演

1. 实时获取信息

平台可以汇集多种来源、各个阶段与进度管控相关的图文资料。各参建单位的工作人员可以通过平台实时获取进度计划、工程进展、进度偏差、参考资料等信息，彻底解决信息传递节点多、路径长、效率低、准确性差的问题。管理人员获取信息的效率也大大提高。

2. 协同工作平台

平台提供了全体参建人员协同工作的环境。各参建单位、各专业的相关人员在平台上协同工作，面向同一管控对象（进度计划），从而减少信息传递的环节，使得人员的沟通与配合更加顺畅，并减少因信息迟滞或遗漏而带来的其他问题发生的可能，提高工作质量。

例如，业主可以通过平台发布任务，创建"××年进度计划"工作任务，各施工单位的专业技术人员在平台上分别录入本标段工作项及其特征参数、计划开始（完成）时间，从而形成整体计划。

3. 提高工作效率

平台可以替代人工完成工程量统计汇总、施工强度计算、原材料使用量计算等工作，从而提高工作效率和准确性。

4. 辅助决策

通过三维动态模型推演，进度计划可以以一种直观、可视的形态展现，其整体性更高，并可以帮助管理人员迅速掌握进度计划的内容与实质，实时获取相关的特征参数（高程、桩号、工程量），分析和查找其中的矛盾以及不合理因素，检查各工作项之间是否匹配。

5. 版本管理

平台可以保存各种进度计划的历史版本及修改细节。

（二）实际进度跟踪

（1）进度执行情况的信息由现场的管理人员直接采集，与施工作业同步，从而保证了信息的唯一性和准确性，避免了信息传递过程中可能发生的错误和延迟。

（2）平台依据进度执行情况自动进行后续的工作项状态判断、工程量统计、参数计算等工作，以替代人工操作。通过自动生成三维动态模型替代传统的形象进度图，来提高工作效率和准确性。传统模式下月计划执行情况搜集信息、统计数据、画形象进度图的工作至少需要 1 天时间，而平台仅需要几分钟就可以完成。

（3）通过三维动态模型可以直接获取当前面貌的主要工程量统计结果和特征参数，查询统计的结果也可以导出，用于编制相关文件，从而避免重复劳动。

（三）偏差分析

通过三维动态模型，可以实时掌握工程进度计划执行情况，发现工程进度偏差发生的部位，为及时调整进度计划创造有利条件。

第十五节 辅 助 决 策 分 析

一、概述

丰满智慧管控平台决策支持系统通过工程三维可视化模型直观展现工程建设情况及各项业务指标分析情况，为丰满建设局领导及各级管理人员提供工程建设总体分析，辅助管理决策，提升工程建设水平。

二、功能

（一）综合决策分析

综合决策分析是利用国家和行业标准建立模型，最终实现过程监控数据、试验检测结果、质量验评结果的自动评价；基于数据仓库、OLAP 等数据技术进行统计分析和挖掘；基于施工过程模型进行施工仿真与分析；将传统的图表数据展现与三维建筑信息模型（Building Information Modeling，简称 BIM）技术相结合；最终通过 Web 向用户提供三维可视化决策支持服务。

通过建立智慧决策分析应用，辅助各层级工程建设管理部门宏观决策，最终实现对工程建设的综合性决策支持、施工实时监控与分析、智能化监控评价等。基于施工全过程数据与工程部位施工三维模型集成，展现工程建设总体情况、标段施工情况、重点部位建设等情况，辅助工程建设管理决策，给出相应的建设指标分析、预警信息。平台基于三维动态模型、虚拟现实等技术实现对工程建设模拟与预演，可直观展现工程建设情况及未来趋势，实现工程建设可视化综合分析与展现，为丰满重建工程建设提供可视化、智慧决策分析工具，可视化综合决策分析如图 2-13 所示。

（二）施工全过程数据集成

通过可视化信息集成技术将工程建设从前期策划设计、施工准备、施工过程到验收评定全过程施工质量数据信息集成，实现施工全过程数据能够与施工部位三维模型关联，通过集成展现部位施工全过程质量信息及质量分析，实现工程建设质量全寿命管理目标。

例如，大坝工程施工以仓施工单元为基础管理单元，平台实现从仓施工质量标准，到仓施工设计信息、试验检测数据、拌和数据、混凝土运输信息、仓浇筑施工碾压数据、核子密度仪检测数据、质量验收评定数据等全过程施工质量相关数据集成，综合分析展现施工质量情况。

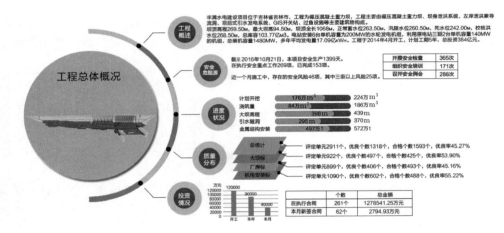

图 2-13 可视化综合决策分析

（三）质量结果智能化评价

通过质量验评智能化应用，规范现场施工质量验收管理流程；通过平台内置的国家及行业有关质量标准，实现在实际质量验收过程中，可针对不同类型施工单元按照相应的质量标准进行管理与验收。在验收过程中，通过质量验评智能化应用，辅助施工质检人员对相关部位检查验收管理，平台可对相应检查项提供相关验收标准、标准区间值以及标准引用出处，并根据质检人员的检查数据结果自动进行判断，并给出验评结论。通过辅助施工质量验收管理，真正解决了实际验收过程中标准不清、查阅不便、专业能力要求过高等系列问题，实现工程建设施工质量验评规范化。

（四）专项作业专业化评价

智能监控分析评价可面向现场专项物联网数据进行统计分析，并提供管控过程优化依据，主要包括安全监控分析评价、大坝碾压监控评价、混凝土温控评价、灌浆成果评价、运料车跟踪评价等智能监测数据的专项统计分析评价功能。以下主要以安全监控分析评价和混凝土温控分析评价为例进行说明。

1. 安全监控分析评价

安全监控专项系统较多，包括移动安全监控、人员定位等系统。这里以移动安监为例。对现场进行移动安监，并在过程中记录各种安全违章问题。移动安全监控评价负责对现场资源包括人员、车辆、设备及安全检查的情况进行汇总分析，形成人员、车辆、设备、安全检查情况的专项统计，为安监管理人员形成阶段性的安全监查报告，并可对人、车、设备等进行跟踪统计。未来通过深化移动安监系统功能，还可以对人员的工作情况（考勤）、监理旁站、管理人员的巡检等工作形成记录和评价。

2. 质量验评分析

传统的质量管理通常是通过单元工程验评统计表统计单元工程的验收合格率。报表所反映的施工质量只能是枯燥、孤立的数据。而系统通过对施工质量数据的收集，在三维施工模型上，通过具体单元部位验评结果的不同，加以颜色区分，从而直观显示单元验评情况。施工管理人员可以一目了然清晰地把握质量情况。

同时，使用人员可以通过点选具体部位查看详细的验评资料。系统支持实现传统的质量统计分析，并提供图表形式的质量管理报表，比如质量分布汇总图。

质量预警。系统可以通过提前预置的检查条件，对验评资料的收集情况自动形成判断，并提示督促相关人员及时完成施工资料的收集上传，从而大大提高施工资料的及时性。

质量控制。系统可以实现关键施工步骤的控制管理，即若有关键施工步骤未完成，便不允许开始后续施工步骤，从而实现现场管理与系统管理的高度一致，达到质量实时管控的目的。

3. 进度分析

该功能用来展示实际进度与施工总进度计划间的对比。如果有拖延的工程，便可将该工程以特殊的标记标示在三维场景中。系统如果发现某分部分项工程的实际进度的开工时间或完工时间晚于施工总进度计划的预计最晚开工时间及预计最晚完工时间，则系统将会以符号化的模型显示进度预警信息。

场景展示形式分为三种：开工延迟、完工延迟、开工完工都延迟。点击预警符号，系统便能够显示预警的详细信息。

4. 混凝土温控分析评价

混凝土温控系统是丰满现场管控应用的一个重要专项系统。混凝土温控评价功能是在混凝土实时温控的基础上，阶段性地对温控过程及结果数据进行统计分析，以便发现规律性问题，并及时改进。混凝土温控评价主要关注阶段性的气温变化、浇筑信息、机口温度信息、预警信息、入仓温度、浇筑温度、大坝内部温度、通水信息、仓面保温信息、顶面间歇期预警信息等。混凝土温控数据属于实时监控数据，随工程开展与时间变化，数据量常会急剧增长。做好监控数据的分析，对后期的施工温控非常有意义。

5. 试验检验分析评价

通过对试验取样登记及试验报告进行统计，形成原材料、成品、半成品及工艺验证性试验检测等试验结果的汇总，为工程质量评定提供依据。比如，提供单仓的混凝土试验报告分析，为单元验收提供辅助；提供阶段试验检测频次统计及检测合格性统计，反映近期或部位施工质量，并提出质量控制意见、建议，最后报送项目公司、监理单位、施工单位。

第三章

智慧管控平台及架构

第一节 概　　述

一、智慧工程

丰满智慧管控平台（图 3-1）是基于"互联网＋"的智能管理体系，以数字化工程为基础，依托大数据、云计算、物联网、移动互联网、BIM、虚拟现实等新一代信息技术，以全程可视、全面感知、实时传送、智能处理、业务协同为基本运行方式，将工程范围内的人类社会与建筑物在物理空间与虚拟空间进行深度融合，实现智慧化的工程管理与控制。

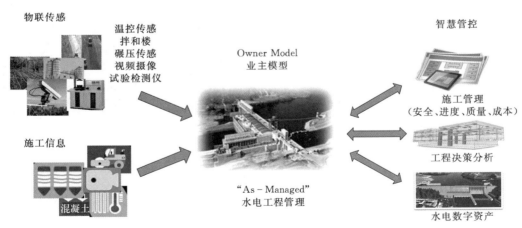

图 3-1　数字化水电基建智能管控可视化平台

数字工程把地理信息系统、传感技术、网络通信技术、数据库技术、系统仿真等信息技术应用于工程施工管理，实现了部分工程部件状态及施工管理信息的数字化，为智慧工程提供了基础。随着物联网、大数据、云计算、移动互联网、虚拟现实等一代信息技术的不断进步，传感器网络扩展到整个互联网，成为物联网，使传感器信息具有了更广泛的应用空间，传感器的类型和功能也因此更加丰富和智能；云计算和大数据技术使得大范围的信息集成与实时处理成为可能，海量信息从负担变为知识；移动互联网结合二维码或射频识别技术的应用使得施工现场数据采集更加方便，成为解决数据采集难的有效途径；BIM和虚拟现实技术使工程施工信息集成与利用更加直观方便。这些新一代信息技术的应用共同促进了智慧工程的发展，使得工程管理具备了可视化、物联化、集成化、协同化和科学化五个新的特征。

1. 可视化

基于三维BIM模型将实际施工过程中涉及的大部分内容，包括工程量计算、技术交底、施工方案、安全措施、工程监理、施工验评、试验检测、施工进度、工程结算等数据进行统一整合，立体展现，利用现代虚拟仿真技术实现对施工全过程方案进行模拟推演，使施工各方能够更直观地看到工程施工计划，便于发现并解决施工中方法、方案、进度、质量、安全、环保诸多方面的问题。帮助业主单位、设计单位、监理单位、施工单位真正做到对施工过程全面参与、准确指挥、随时协调、及时纠错、系统管理、有效控制。

2. 物联化

物联网技术大量应用于工程现场，各种传感部件被赋予相应的网络地址，可通过网络实时将感知信息传回到系统得到集中处理分析，使得管理者可以更全面、直接、快速、真实地获取施工安全、进度、质量信息，也使感知设备间可以实时通信和相互影响。数以千计的传感器节点通过通信网、互联网、传感网互联互通，对传感器自身的智能化要求也更高，需要通过网络自组织和自动重新配置的自主性，实现对环境改变及自身故障带来的传感器失效容错性，即网络能够自动提供失效节点的位置及相关信息，网络拓扑能够随时间和剩余节点现状进行自主重组。

3. 集成化

云计算、大数据、BIM等技术都是以集成和整合为主要特征的技术，这些技术在标准、规范与信息管理制度的支撑下通过一体化平台得到应用，使基础设施、信息资源、应用系统等信息化资源不断得到整合与集成，为业务流程的协同和数据综合利用提供了前提。信息化资源的集成带来的效益不仅是信息处理能力和功能的叠加，而且是通过信息共享、大数据分析、高性能并行计算、智能控制，三维可视化，大幅简化工作流程，实现更精准管控。

4. 协同化

工程管理过程中，不同部门和组织之间的界限分割了实体资源和信息资源，使得资源组织分散。在智慧工程中，建设单位、监理单位、施工单位、设计单位等各参建单位都可以在"互联网＋"平台上对系统进行操作，使各类资源可以根据系统的需要发挥其最大的价值，从而实现工程施工各类信息的深度整合与高度利用。各个部门、流程因资源的高度共享实现无缝连接。正是智慧工程高度的协调性使得其具有统一的资源体系和运行体系，打破了"资源孤岛"和"应用孤岛"。

5．科学化

各种新一代信息技术的应用使得管理者可以获得更加全面、实时、准确的工程施工数据，并且可以通过信息系统对信息进行深度的加工和探索；通过三维可视化工程模型直观地看到各种管理数据、模拟计划变更及管理活动的实施，工作强度及原材料投入影响；通过获得更精准的信息和挖掘更多有关工程施工的新知识，工程管理与决策活动将更加客观和理性，定量分析在工程施工管理中将发挥更大作用。

二、智慧管控平台的任务

（一）健全信息基础设施，为智慧管控技术应用提供支撑

1．依托丰满发电厂及新源公司资源，搭建混合云基础设施平台

（1）在丰满发电厂已建机房、网络、数据中心、安全等基础设施总体架构基础上，部署必要的智慧管控平台服务器、存储及新增网络及安全设备。

（2）充分利用新源公司基础设施云计算资源，减少基础设施一次性投资，增强平台扩展性与安全性，获得高性能计算资源。

2．建立与外网隔离的无线局域网

（1）以新大坝、旧大坝及左岸拌和系统和新办公楼为重点，覆盖丰满新大坝建设施工区域，满足施工区域内监控摄像机、各种数据采集终端无线联网及传输，以及业主、工程监理、施工单位人员无线传输的需要。

（2）通过设置中继接入节点便于无线监控点就近接入，并获得足够带宽。

（3）无线网络接入有线外网，通过关键节点、关键链路冗余设计实现高可用性。

（4）选择合理的频段，既保证了足够的带宽和数据传输的质量，同时也可以避免对GSM等通信网络的干扰及对人体健康的影响。

（5）所有无线AP设备均要求采用统一无线管理系统控制，并采取严格的访问安全策略，以保障网络安全。

3．信息系统等级保护

参照信息系统等级保护的二级要求，从终端、边界、网络、主机和应用安全五个层次进行安全防护，严格执行新源公司安全管理的相关制度及标准、规范。

（1）终端层采用部署安全加密卡、安全协议等多种措施开展防护。

（2）边界层次中，信息内网与第三方网络边界，主站系统与APN无线专网纵向边界通过这些措施来进行防护：安全接入平台；对于新终端上、下行数据流采用访问控制；身份认证；加密传输等措施进行防护。

（3）网络层采取安全接入控制、设备安全管理、设备安全加固等措施。

（4）主机层面做好操作系统安全与数据库安全。

（5）应用层实现应用系统安全、数据接口安全等。

4．建设实时智能感知的物联网络

通过建设碾压质量监控、运料车辆实时监控、灌浆监控、智能温控、视频监控等专业系统，利用无线局域网等各种移动互联网技术，联通核子密度仪、GPS、二维码、温度传感器、视频摄像头、手机、平板电脑等各种信息采集设备，实现实时监测数据网络化采集

与指令反馈，建立工程施工现场关键控制点信息采集设备的物联网络。

（二）整合各类信息资源，建立数据驱动的协同工作新模式

1. 编制丰满重建工程数据交换与共享标准

建设统一的管理数据库、大数据库、数据仓库、三维模型库、知识库和数据交换与共享平台。按照信息交换与共享标准，从各独立的专业系统数据库的数据进行抽取、清洗和转化，形成以工程 BIM 模型为中心的统一管理数据库、面向实时大数据采集与利用的大数据库和基于管理数据库与大数据库形成面向决策支持的数据仓库。

2. 建立数据交换与共享平台

（1）基于企业服务总线（Enterprise Service Bus，简称 ESB）、抽取–转换–加载（Extract–Transform–Load，简称 ETL）、消息中间件等技术，搭建数据交换与共享平台，提供数据采集、订阅、发布、传输等服务。

（2）明确数据与系统间的生产与利用关系，定义并管理数据资源目录元数据。

（3）通过及时和准确的数据采集与同步，实现数据在本地各数据库之间、本地与新源公司之间的数据交换与共享。

3. 建立统一的工程施工管理数据库

以 BIM 模型为中心，将 BIM 模型与管理信息深度融合，建立面向主题的智慧管控全局数据模型，定义机构、人员、项目、工程划分等主数据及关键数据编码，进而形成丰满重建工程智慧管控数据元与元数据标准，在数据标准基础上利用数据交换与共享平台汇集各专业系统数据，形成统一的工程施工管理数据库，支撑一体化智慧管控平台实现业务的协同管理。

4. 建立大数据库

（1）在统一智慧管控数据标准的基础上建立大数据库，实时归集碾压质量监控、运料车辆实时监控、灌浆监控、智能温控、视频监控等专业系统的数据监测，存储和管理各种非结构化文件数据。

（2）利用分布式存储、并行计算等技术实现大数据的快速存储、分析与反馈，面向施工安全、质量、进度等方面管理需要开展相关关键技术及应用研究。

5. 建立数据仓库

（1）面向长期数据的综合统计分析建立数据仓库，存储和管理全局、长期的施工管理历史数据，包含操作数据存储（Operational Data Store，简称 ODS）、数据仓库和数据立方体这三类组件，分别支持近期、长期数据综合查询分析及联机分析处理。

（2）实现数据质量管理、主数据管理、元数据管理等数据管理功能，保障整个统一数据库的数据质量。

6. 建立三维模型库

（1）面向 BIM 可视化模型建立三维模型库，对大坝、厂房、洞室、机电设备三维模型、模型管理数据及与施工管理信息的关系进行存储和管理。

（2）建立 BIM 的数据来源系统、应用平台和建设管理平台间数据交换标准，支持工程实体模型及其管理信息的动态三维展现。

7. 建立内容丰富的知识库

（1）逐步建立内容丰富的知识库，包括文档库、模型库和方法库。收集各类施工管理相关标准、规范与制度，包括国家标准、行业标准及国家电网内部标准、规范与管理制度，建立知识分类体系模型，按知识分类体系对各类知识进行存储，支持多种维度的检索功能。

（2）对各种专业模型与算法进行结构化管理，形成模型库和方法库，支持对结构化数据的科学分析。

（三）建立一体化平台，支撑工程全寿命周期精细化管理与数字资产的积累

1. 优化、规范业务流程

（1）深入研究，优化和规范业务流程，以实际业务场景为研究对象，梳理施工管理端到终端业务流程与信息流程，明确设计单位、施工单位、监理单位及建设单位在流程中的职责与相关信息。

（2）通过优化、规范这些流程、业务规则与业务数据的格式形成业务规范，研究科学管理的方法与模型，为建立参建方共同使用，多方受益，业务流程顺畅，数据逻辑清晰的一体化智慧管控平台创造条件。

2. 建立基于混合云的统一应用支撑平台

（1）充分利用国网及新源公司平台即服务（Platform as a Service，简称 PaaS）云资源，实现对移动应用、系统集成、工作流、可视化、三维模型、统计分析等多种应用的支撑。

（2）开展企业服务总线（ESB）的应用，全面支撑面向服务架构（Service - Oriented Architecture，简称 SOA）的实现，以一体化智慧管控平台为中心，集成新源公司基建系统及移动安监、视频监控、人员定位、混凝土碾压监控、混凝土温控、灌浆监控、运输车辆监控等各类专业系统，实现业务协同与数据综合利用。

3. 建设统一门户

（1）整合各类信息资源与应用访问入口，实现各应用系统单点登录、访问界面可定制、信息丰富而有效、人机交互易用性好。

（2）加强各类访问渠道门户的建设，包括 PC 浏览器、移动终端浏览器、大屏幕等多种信息访问方式，增强用户的友好体验。

4. 加强移动应用建设与集成

以安全检查、质量检查、施工进度记录、设备物资移交为重点，通过深化移动终端 APP、二维码、射频识别（Radio Frequency IDentification，简称 RFID）等技术应用，加强各类系统对数据采集和处理的支持，变事后信息录入为所见即所得，大幅提升数据真实性、即时性和系统的易用性。

5. 基于 BIM 的工程信息集成与三维可视化

（1）建立工程 BIM 模型，基于 BIM 模型关联各种设计、监测、管理、档案、运维信息，提供各种可视化查询与管理的功能。

（2）基于三维可视化界面研发大型设备模拟安装、施工进度模拟仿真、智能培训仿真等智慧应用。

6. 智慧安全管理体系

（1）建立智慧安全管理体系，实现对年度安全策划、安全管理目标的分解、安全设计移交、安全教育培训、施工过程安全监控、安全检查与安全考评全过程信息化管理。

（2）建设人员定位、统一视频监控、门禁管理等安全监控专业系统，并利用移动互联网技术和物联网技术实现移动安监。

7. 智慧质量管理体系

（1）建立智慧质量管理体系，实现对年度质量策划、质量检查、质量检测试验、质量评估等质量管理全过程的信息化管理。

（2）利用信息系统固化质量管理相关标准、规范，应用于施工过程指导、质量验评及检验检测等环节，同时利用移动互联网与物联网技术实现标准、规范快速查阅及检查表单在线填写，利用智能比对自动判断检验检测结果是否符合要求。

（3）建设碾压质量监控、运料车辆实时监控、灌浆监控、智能温控等专业质量监测及分析系统，基于 BIM 模型实现各种质量监测与管理信息的有机集成。

8. 智慧进度管理体系

（1）建立智慧进度管理体系，实现从里程碑计划、总体进度计划、年度计划、月度计划等各级实际进度计划的制定到实际完成情况检查闭环流程的信息化支撑。

（2）以月度计划为切入点，将计划与 BIM 模型进行关联，实现对计划、实际工程进度的可视化跟踪、比对等功能，同时将实际进度数据作为整个工程开展的基础数据，将其通过 BIM 模型与安全检查、质量检查、检验检测、投资管理等任务安排与自动化通知结合起来，实现工程进度驱动的自动化工作流转。

（3）充分利用移动互联网和物联网技术实现实施过程中进度数据的快捷采集。

9. 优化投资管控流程

（1）基于 BIM 模型将概算与单元工程计划与实际完成进度进行关联，探索单元工程自动算量。

（2）通过系统辅助完成工程计划与实际执行概算的编制。

（3）通过物联网技术实现设备出厂、到货、安装全过程移交跟踪，大大提升移交与运维的效率。

（4）充分利用各种安全、质量与进度数据加强对施工单位及监理单位的考评管理。

（5）制定数字档案规范，实现各类施工与管理文档自动化归档。

（6）基于虚拟现实技术实现三维可视化的智能培训。

（7）基于大量的工程施工相关标准、规范及经验积累建设知识管理系统。

（四）深化 BIM 应用，探索工程施工可视化管控新思路

1. 建立工程信息模型

基于 BIM 建立工程信息模型，引入虚拟现实技术，构建三维可视化虚拟工程，为设计、业主、监理、施工、生产运营单位提供可视化的沟通平台。

2. 建立 BIM 三维可视化仿真平台

建立 BIM 三维可视化仿真平台与可视化数据集成标准，融合工程建设业务信息，包括施工设计数据、安全监测、施工进度、质量控制点、试验检测、质量验评等数据，在可视化的平台上控制相关数据的显示。

3. 建立物联网实时数据采集标准

研究以单元模型为载体对采集的数据进行三维可视化显示的方法，对施工过程数据进行精确模拟，实现大数据的三维可视化显示。

4. 降低项目成本，缩短施工周期

（1）在实际投资、设计或施工活动之前就采取预防措施，降低项目成本，缩短施工周期。

（2）研究施工仿真与分析方法，对施工活动中的人、材、信息及施工过程进行全面的仿真再现，对分析结果进行分析，发现施工中可能出现的问题，提前采取有效的措施，保障施工过程科学高效地进行。

（五）推进大数据智能采集与应用，提升工程施工综合管理能力与决策科学性

1. 建立建设管控关键绩效指标体系

面向丰满重建工程建设管理目标，立足新源公司各项考核评价要求，建立丰满重建工程建设管控关键绩效指标体系，涵盖各类工程项目信息，包括参建单位信息、形象进度分析、技经投资价格分析、安全重大风险分析、安全质量台账等安全管理、质量管理、进度管理、资金管理、档案管理等各关键领域。理清总体建设目标、各项管理指标、海量过程数据之间的关系，为大数据综合利用与深度挖掘提供了规则依据。

2. 直观呈现统计分析功能

（1）提供丰富灵活的统计分析功能并采用直观的方式呈现，实现对碾压质量监控、运料车辆实时监控、灌浆监控、智能温控等专业系统数据的统计分析，反映数据的变化过程、变化范围、变化频率及与标准、规范要求之间的关系。

（2）以工程项目信息，参建单位信息、安全重大风险、形象进度信息、安全质量台账、技经投资价格等分析为重点，实现对安全、进度、质量、资金等管理数据的综合统计分析，反映各项管理工作的成效、发展趋势与管理要求的差距及管理措施的相关影响。

3. 建立综合报表体系

（1）基于关键绩效指标、施工管理及上报要求建立综合报表体系，将周报、周快讯、月报、年报等主要报告、报表纳入报表体系。定义各报表指标、统计维度及表样。

（2）利用信息系统定期实现数据自动采集与统计汇总，支持复杂报表的定义、发布、在线浏览、上钻、下钻、导出等功能，并以表格、饼状图、柱状图、雷达图、仪表盘、指示灯等主流展现方式来展现。

（3）充分利用信息系统来支撑各类报告的自动编制，既提升了效率，又减少了人为的干预。

4. 研发即席查询工具

为了满足管理人员对数据探索查询的需要，更好地支持决策过程，研发可由用户动态选择复杂的查询条件和指标，对业务数据进行查询分析的即席查询工具。

（1）系统可根据用户的选择生成相应的统计报表。

（2）报表可通过表格、饼状图、柱状图、雷达图、仪表盘、指示灯等主流展现方式来展现。

5. 研发联机分析处理工具

为了满足管理人员对数据进行探索统计分析的需要，更好地支持决策过程，研发可由用户动态选择统计维度、统计指标的联机分析处理工具，实现按各维度对统计指标的预计算。

（1）大幅提升动态选择维度与指标后，计算机运算反馈速度也大大提高。

（2）支持统计分析结果的保存、发布、在线浏览、上钻、下钻、导出等功能，并以表格、饼状图、柱状图、雷达图、仪表盘、指示灯等主流图形方式展现结果。

6. 开展数据挖掘

面向业务问题，针对海量数据开展数据挖掘。在数据仓库和大数据库基础上，针对人员与组织绩效，安全、进度、质量与资金及与诸多影响因素的关系等主题，利用聚类、关联规则、决策树、时间序列等分析方法建立模型，进而对数据进行深入分析，挖掘海量数据中隐藏的规律和特征，形成知识，从而指导施工管理工作的开展。

7. 研发领导驾驶舱系统

面向高层领导快速获取整个工程建设状态的需要，研发领导驾驶舱系统。

（1）通过宏观而全面的指标体系，主要利用仪表盘等各种图表，形象化、直观化、具体化的展现方式，实时反映项目的建设状态。

（2）同时，提供向下钻取的功能，以便了解重点问题的细节，为高层领导提供"一站式"的决策支持。

8. 应急准备与响应管理

为贯彻落实新源公司对应急准备与响应的管理要求，建立现场施工应急指挥系统。基于 BIM 模型和施工现场地理信息系统（Geographic Information System，简称 GIS）系统实现危险源、视频监控信息的集成，实现各类安全监测数据与风险评估信息的集成，对应急通信、应急预案、应急物资、应急培训与演练、应急总结与评价等进行信息化管理。

9. 专业数据分析

（1）针对报表定制和数据分析挖掘需求，建立专业的数据分析团队。

（2）采用服务外包与内部人员相结合的方式建立专业的数据分析团队，充分利用服务外包人员的数据分析专业能力及内部人员对业务的深刻理解，面向新报表的定制要求及专题分析的需求提供支持，同时负责对一体化平台统一数据库的日常运维工作。

（六）完善信息管控保障体系，为智慧管控顺利实现提供支撑

1. 加强标准、规范和制度建设

在新源公司信息化标准、规范和相关管理制度体系之下，以业务操作流程、数据管理、系统应用管理、桌面设备管理相关标准、规范和管理制度为重点，编制丰满智慧管控相关标准、规范和制度。认真组织标准、规范及管理制度培训，推广及完善相关工作。

2. 加强信息化建设管控

依据新源公司及自编信息化建设相关标准、规范与制度，开展相关组织机构建设，将建设单位、承建单位、应用单位统一纳入信息化建设管控体系，在项目立项、设计、研发、推广、应用过程中加强管控，针对执行情况实施考评。

3. 完善信息化运维体系

在丰满发电厂信息化运维机制基础上，针对智慧管理平台及相关专业系统与基础设施运维工作，建设相应运维组织、机制与制度。在内部运维团队的基础上，积极引入第三方运维力量，以运维外包形式快速获得专业的运维能力，保障智慧管控相关应用的稳定运行。

4. 深入开展智慧管控技术应用研究

更加深入研究 BIM 模型与管理信息的融合；研究如何利用物联网、移动互联网等新一代信息技术提升现场施工管控信息的采集与处理能力；研究如何利用大数据技术深入挖掘数据价值，提升管理与决策科学化。

5. 加强信息化人才队伍建设

采用引入专业人才与培训提升两手并举的策略，多渠道引入专家资源，利用专家和信息化厂商资源重点加强信息化项目管理理论、新技术发展趋势以及相关信息化应用经验培训，逐步提升信息化项目建设与运维的专业化管理能力。

第二节　丰满智慧管控平台建设历程

丰满建设局工程信息化建设经历了数字化、智能化、可视化到智慧管控四个阶段的建设历程，最终将丰满智慧管控平台打造成多业务融合、专业化管理、网络化传输、可视化管控、智慧化决策的综合型服务平台（图 3-2），为丰满重建工程建设施工提供服务。

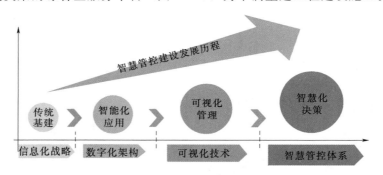

图 3-2　智慧管控建设发展历程

（1）数字化阶段：利用信息技术实现工程管理信息化，改变传统人工管理方式，即数字化一切可以数字化的信息。

（2）智能化阶段：通过借助物联传感、大数据分析、智能技术等现代信息技术手段，实现对工程数据采集、智能感知、精准控制，建立"传感＋计算＋通信＋网络＋控制"的智能化施工管控手段。

（3）可视化阶段：通过三维模型、虚拟现实等技术实现工程建设可视化，并创新提出建立施工管理单元三维模型，明晰工程建设施工管理单元对象，将工程建设有关业务与工程对象融合，改变传统施工粗放式管理、目标不明确和沟通不畅的问题，实现工程建设实体可视化的目的。

（4）智慧管控阶段：认知是获取知识的过程，知识是实现智慧的关键要素。智慧管控阶段通过建立一套现场施工数据信息集成模型，实现对工程建设施工数据、信息、认知、知识、智慧一套完整的体系建设，通过认知过程充分发挥数据价值，实现智慧决策。

智慧管控平台是丰满重建工程实现智慧管控的核心。它向各级施工管理者提供全面的、系统化的管控功能，通过三维模型实现对工程建设物理实体、建设施工业务管控、建设施工大数据融合集成一体，推进工程建设走向智慧决策的建设目标。

一、数字化阶段

丰满工程数字化建设是丰满重建工程信息化建设的基础平台，是信息化建设变革中的重要环节。丰满数字化建设采用了多网融合、数字影像、设备集成等信息技术，其建设基础满足信息化建设的发展需求，为丰满工程信息化建设提供了夯实的基础。同时，数字化是智能化管控的技术基础，也是信息化的技术基础。数字化技术的出现，极大地促进了信息技术的发展，成为现代信息技术的主流，并且随着信息技术的不断发展也呈现出越来越多的数字特征。可以说，没有数字化过程，就没有今天的丰满智慧管控。

（一）平台业务支撑

丰满数字化建设以新源公司统一推广的基建管理信息系统（简称"基建MIS"）作为工程建设管理技术手段，实现对工程项目可研直至达标投产的全过程管理；并利用多网络组合技术实现丰满重建工程现场施工作业面的网络全覆盖。为了进一步加强现场施工过程管控，在现场施工网络基础上，建立了现场施工视频影像监控和大坝施工碾压过程监控等现代智能监控手段（图3-3）。

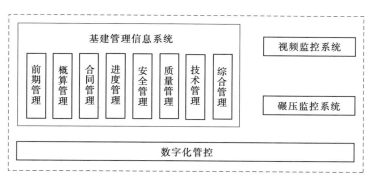

图3-3 数字化平台业务应用

1. 通过多网组合技术建设，实现现场施工作业面的网络全覆盖

工程建设管理信息化应用最大的问题就是基础网络。丰满重建工程通过多网组合技术实现现场施工网络全覆盖，为信息化建设提供了基础网络通道，解决工程建设信息化应用、数据采集和网络传输的难题。在丰满重建工程现场网络建设过程中，通过室内网络采用FIT AP配合无线控制器的组网方式、室外AP采用MESH组网方式，实现室内、室外网络全覆盖和网络的集中管理。

2. 通过基建管理信息系统的应用，实现工程建设全过程管控

基建管理信息系统实现对工程建设项目前期、基础设计、工程基建、施工安装、达标

投产全过程管理,对工程建设实施各方包括设计方、施工方、监理方等实现全面有效的沟通管理;实现对工程建设进度计划、投资、质量、安全、文档管理等全面控制。形成以项目数据归集和合同控制为核心,以进度、质量、投资和安全控制为目标,以竣工决算、达标投产为手段的全面项目管理信息系统。

通过实施基建管理信息系统应用,实现工程建设全过程管控,实现了工程建设业务管理的流程化、标准化和规范化,推动了丰满建设局工程建设管理水平,充分发挥了工程建设管理辅助决策的作用。通过系统应用实现工程建设过程中多专业、多部门、多参建单位协调管理;实现各工程进度、质量、安全、投资、合同等信息和业务流程管理,使各专业管理通过既定的项目计划进行高效流转;实现了工程建设管理业务高效运转;实现工程数据积累和统计分析,充分发挥了辅助决策的作用。

3. 通过施工视频监控系统建设,实现施工过程实时监控

依托现场施工的网络环境,丰满建设局通过建立施工视频监控系统实现对施工现场进行实时监控,整个视频监控系统覆盖了整个大坝施工区域及左右岸拌和系统,实现了建筑工地安全监督方式的革命性跨越,丰富了安全管理的监督手段,极大地提高了监管水平和工作效率。

通过视频系统的应用,管理人员提高了对现场突发事故及严重违规违章现象的可追溯性,极大程度地提高了现场作业人员的警惕性;结合视频监控的安全监管手段,也从很大程度上打消了现场作业人员的侥幸心理,每个一线作业者的一举一动都处在了有效的监控之下,间接地实现了安全监管的关口前移,使得违章隐患暴露无遗,将事故掐断在萌芽阶段。

4. 通过碾压监控系统建设,实现大坝碾压施工全过程监控

丰满重建工程大坝施工碾压采用碾压混凝土工艺筑坝,质量控制的重要环节是混凝土的碾压过程。因此,丰满建设局通过建设碾压监控系统实现对大坝施工碾压全过程监控。碾压系统基于高精度 GPS、物联传感、智能化分析等技术实现在碾压车辆上安装集成无线网络传输和高精度 GPS 接收机等监测设备,对碾压施工振动碾实时自动监控。

通过碾压施工监控系统的应用,实现对丰满重建工程大坝施工碾压施工全过程的监控,实现监测碾压机械运行轨迹、速度、振动状态,计算和统计仓面任意位置处的静态、动态碾压遍数等信息,并实现碾压有关参数达不到要求时,系统自动向现场施工质检人员和监理报警,同时也会在驾驶室内显示相关信息,促使司机主动更正,彻底解决了漏碾和过度碾压的问题。

(二)平台特性

丰满数字化建设采用了多网融合、信息技术、数字影像、设备集成等技术,建设基础满足信息化建设发展需求,数字化建设实现与工程建设业务流程相融合,实现"数据采集数字化、信息交互网络化",为丰满工程信息化建设提供了夯实的基础。

1. 数据采集数字化

在工程建设管理过程中,由于工程建设信息的缺乏使得各级管理人员对工程建设过程管理的能力较为薄弱,无法对现场的生产活动进行有效而规范地指导。管理层与现场之间缺乏信息交换的有效手段,管理层得到的信息往往是滞后且不完整的,不能为科学地制定

管理计划提供准确而及时的数据。丰满建设局利用射频、物联传感、移动互联等技术，通过现场施工网络及数字化管控平台对工程建设过程信息进行采集，为工程建设管理过程提供了准确、实时的施工数据，反馈工程建设过程的实时信息，实现了传统工程建设管理向数字化工程管理的转变，为工程建设信息集成化应用提供了数据基础，并辅助进行工程建设管理的决策。

2. 信息交互网络化

传统的施工管理依靠纸质、当面沟通、电话沟通等方式进行信息传递，随着计算机网络技术的快速发展，工程建设管理的网络化、科学化能够帮助工程管理人员处理复杂的项目信息，促进工程建设更快更好地发展。

通过建立数字化管控平台，实现对丰满重建工程建设全过程管控，实现对工程建设投资、进度、安全、质量、沟通等业务网络化的信息处理。丰满建设局与设计、监理、施工方均通过数字化平台进行信息传递、管理和交互，改变了传统工程建设施工管理方式。同时，平台可根据采集到的信息提供更高效的数据分析，为各级管理人员提供辅助决策信息依据，推进了工程建设施工管理水平与效率。

（三）探索阶段面临的问题与挑战

数字化建设虽取得了一定的成效，但在工程建设施工管控过程中，依然存在管控手段匮乏、管控不到位、信息数据采集困难等施工管理的问题，主要体现在如下两方面。

（1）丰满工程建设施工过程中，混凝土温度控制和灌浆施工对工程质量影响至关重要，当前的数字化管控手段虽能够解决宏观管理的问题，但对专项施工过程缺乏控制手段，工程建设的质量控制难以实现。

（2）大坝工程施工过程中，工程质量验收全过程缺乏管控手段，验收资料采集难度较大，过程执行缺乏数据信息，缺乏一个施工质量过程管控平台辅助对工程建设质量的管理。

为此，丰满建设局需要继续探索研究新的智能化技术手段来解决这些问题。

二、智能化阶段

随着美国、德国在新一轮工业革命中纷纷把物联信息系统（Cyber - Physical Systems，简称CPS）技术视为核心与关键，CPS的技术优势作为一种关键技术纳入到工业4.0体系中。"建筑工业4.0"作为"工业4.0"的一部分，也随之快速发展。

所谓智能，始于感知、精于计算、巧于决策、勤于执行、善于学习。丰满建设局在数字化建设基础上引入智能化管控技术，率先引入了智能系统实现对大坝混凝土温度的控制，以及施工过程的智能化管控；依托物理设备，实现"感知＋计算＋通信＋联网＋控制"五位一体，借助物联传感技术实现对外界信息的感知与获取能力，通过软件和算法以认知的形式体现了人工智能（意识和智慧）；有效地对大体积混凝土工程施工温度进行管控，以智能方式实现了对大坝混凝土施工的精准控制。

感知能力，即具有能够感知外部世界、获取外部信息的能力，这是产生智能活动的前提条件和必要条件。丰满智慧管控建设利用了现代物联传感、GPS定位、大数据分析等技术，在现场施工温度、碾压施工等过程中充分利用现代物联传感技术，采用温度传感器、激震力监控、GPS定位等技术实现对外部信息的获取、分析及处理，为工程建设施工智能化管控提供了技术手段。

通过智能化建设应用，全面解决大坝混凝土浇筑、碾压、温度控制等施工管理难题；利用现代物联传感、定位技术、智能技术等实现了丰满工程建设智能化管控手段，实现大坝混凝土施工建设质量控制；实现对工程状态感知、实时分析、自主决策、精准控制执行；为工程建设施工过程管控提供先进的管理工具，辅助丰满建设局进行高效的工程建设管理。

（一）平台业务支撑（图3-4）

丰满智能化建设是在数字化建设的基础上，引入智能温度控制及通水、灌浆监控、大坝施工质量等系统，实现对大坝施工过程的质量控制，全面监督大坝混凝土施工质量，保障工程建设最终满足质量控制的要求。

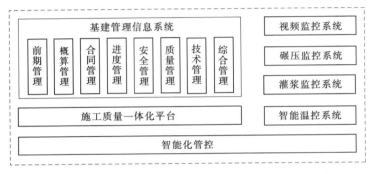

图3-4 智能化平台业务应用

1. 智能温度控制及通水系统，实现大坝混凝土温度控制

信息化、数字化、智能化技术的发展为温控防裂向智能化方向发展创造了条件。智能温控系统对大坝工程混凝土温度控制的各个环节，包括原材料预冷、混凝土拌和、运输、入仓、平仓振捣/碾压、通水冷却、表面保护等，以仿真、分析、预警、决策为核心，利用数字化技术、互联技术和自动控制技术，可有效避免传统施工方式带来的偏差和人为因素带来的不确定性。

智能温控系统是以大体积混凝土防裂为根本目的，运用自动化监测技术、GPS技术、无线传输技术、网络与数据库技术、信息挖掘技术、数值仿真技术、自动控制技术，实现温控信息实时采集、温控信息实时传输、温控信息自动管理、温控信息自动评价、温度应力自动分析、开裂风险实时预警、温控防裂反馈实时控制等温控施工动态智能监测、分析与控制的系统，通过利用确定性仿真分析方法和统计分析模型，以应力最优、措施合理可行为目标，动态确定每仓混凝土的冷却曲线，在此基础上调整各环节的温控参数，通过反复比较预测目标温度和实测温度之间的差异，不断地调整温控参数，使最高温度、温差、温度变化速率达到最优，从而控制应力，达到防裂的目的。

通过智能温控系统的建设实施，使大坝混凝土温度监测与控制信息的采集变得及时、准确、真实，实现了温控信息的自动获取、准确掌握、实时评价；智能预警、智能通水控制及决策支持，有效提高了混凝土施工的管理水平，为丰满大坝工程建设施工质量提供了有力的技术保障。

2. 灌浆监控系统，实现灌浆施工全过程监控

灌浆施工作为大坝施工中的隐蔽性工程，施工进度和质量都难以直观衡量。灌浆监控系统融合数据库技术、无线通信技术对廊道等信号盲区进行局部组建网络，将灌浆过程采集的重要参数实时收集，通过无线网络传输至现场局域网，形成一套无线灌浆网络管理系统，能实时监控大坝灌浆施工参数，统计分析结果，进行质量管理和过程管理，并为后期的施工决策提供了基础数据支持。

灌浆监控系统是以电子信息技术、数据库技术、无线网络技术为基础，形成业主所需要的数据库系统。系统具有现场数据收集、数据远程传输、数据融合分析一体化功能。为设计管理、施工过程管理、质量管理到成果管理在内的施工全生命周期的灌浆监控提供了数据支撑。它的应用能提高工程管理人员在灌浆管理过程中的实时性和工作效率，及时发现灌浆过程中出现的异常情况，从而提高灌浆工程信息化管理水平。

3. 大坝施工质量系统，实现大坝施工质量信息管理

大坝施工质量系统主要运用于标准化质量验评。平台内集成了依据规范和标准设计的质量验收评定的表库，按照质量管理流程将表单嵌入相应的工序验收和质量评定中，并实现了电脑和手持终端的录入。现场验收过程中，施工单位和监理单位的有关人员通过平板电脑进行数据的录入，并采用拍照上传的方式进行提交和审核，实现了数据的一键采集、编辑，并生成相应的电子信息档案。解决了质量验评数据的采集问题，实现了数据的电子化管理。

4. 现场安全移动巡检，提升安全管理沟通效率

通过移动安监智能管理系统的建设，依托移动互联技术实现施工现场检查与整改的闭环流程管理。在规范施工现场检查整改管理业务的基础上，对现场安全隐患、习惯性违章行为、安全文明施工等现场安全管理从检查任务的管理、现场检查、问题整改、问题关闭到统计分析等环节建立了闭环管理流程，实现对检查表格、检查项目、管理流程和表单的固化，满足丰满建设局的施工现场管理要求，满足决策层、管理层、操作层相关人员的工作需求。

通过系统的应用，提升了现场施工安全管理效率，同时对安全管理检查数据进行违章占比、检查单位、整改情况等综合分析，为工程建设管理人员提供直观、准确的数据，更加有利于加强现场施工安全管理及安全检查工作的积极开展。

（二）平台特性

丰满智能化建设以物联感知、智能化和信息化技术为支撑，重点为丰满大坝工程混凝土温度控制和全过程施工质量管理，实现以"智能、感知、物联"为基础的智能化管控体系建设，充分发挥智能化的感知、自决策、善动作的特性。

基于智能、感知、大数据分析等技术的智能化管控，其具有认知能力，通过软件/硬件感知系统外部状态，实时分析计算，自主做出决策，精确控制其他物理设备来执行动作。例如，温控系统可根据混凝土内部埋设的温度传感器，实现内部温度数据的采集、分析与计算，并且自动通过通水系统实现精准通水，从而对混凝土内部温度进行控制。

(三) 探索阶段面临问题与挑战

丰满智能化建设是在数字化基础上，利用计算机、多媒体技术、软件技术、智能技术等手段实现工程建设的智能化管控，解决传统施工建设中的管理控制难点，为丰满工程建设提供全新的管控技术和手段。但随着工程建设与管理的不断加强，智能化建设已不能满足工程建设管理的诉求，主要体现在以下几个方面。

(1) 水电工程建设管理涉及的专业、施工组织范围较多、较广，工程建设管理沟通的难度也较大，施工管理过程中依然通过会议、电话以及简单的信息沟通方式会导致沟通过程中对象不明确、很多问题无法直接反馈、沟通针对性不强、效率不高等问题的出现。

(2) 施工过程中大量的施工数据产生后，虽然通过信息手段采集存储，但信息数据相对比较零散，缺乏对数据统一的分析与展现，未能发挥数据最大化作用——辅助施工管理决策。

(3) 现场施工过程管控缺乏统一管控手段及平台，施工建设管控体系不完善，对工程建设施工安全、质量、进度等施工管控还有很多重点、难点问题没有解决，距精益化管理目标还有一定的差距。

因此，丰满建设局为达到工程建设精益化管控目标依然需要积极探索与研究新的管控手段和管控体系作为支撑，以满足对工程建设全过程的管控需求，全面辅助工程建设施工管理决策。

三、可视化阶段

三维可视化目前已经在世界上多个大型企业的生产和管理中得到了广泛应用，对提高企业管理效率，加强数据采集、分析、处理能力，事先对方案进行推演，可视化的多方协同沟通等多个方面起到了重要的作用。三维可视化技术的引入，将使企业管理的手段和思想发生质的飞跃，工程建设管理对象可视化的管理方法，更加符合施工现场管理的需要，可以说在基建工程智能化管控中应用三维可视化技术是可行的并且是必然的发展趋势。

通过建立施工管理单元的施工管理三维 BIM 模型，进一步将非几何的建筑信息和标准、规范集成到 3D 构件中，如材料特征、物理特征、力学参数、设计属性、价格参数、厂商信息、检验及验收标准等，使得建筑构件成为智能实体，3D 模型升级为 BIM 模型。BIM 是一个设施（建设项目）物理和功能特性的数字表达，是一个共享的知识资源，为该设施从建设到拆除的全生命周期中的所有决策提供可靠依据的过程；在项目的不同阶段，不同利益相关方通过在 BIM 中插入、提取、更新和修改信息，以支持和反映其各自职责的协同作业。

基于三维 BIM 模型在实际施工过程中涉及的大部分内容（包括工程量计算、技术交底、施工方案、安全措施、工程监理、施工验评、试验检测、施工进度、工程结算等数据）进行统一整合，立体展现，利用现代虚拟仿真技术实现对施工全过程方案进行模拟推演，使施工各方都能够更直观地看到工程施工计划，便于发现并解决施工中方法、方案、进度、质量、安全和环保等诸多方面的问题。帮助业主单位、设计单位、监理单位、施工单位真正做到对施工过程全面参与、准确指挥、随时协调、及时纠错、系统管理和有效控制。实现施工管理可视化、标准化、集成化、协同化和科学化的管控。可视化阶段建设将丰满重建工程建设管理推向了新的台阶，使工程建设管理对象明确、工程建设实体可视、管理沟通难度大大降低、精益化管理水平与管理目标可实现。

水利水电工程涉及面广，投资大，专业性强，建筑结构形式复杂多样，尤其是水库、水电站、泵站工程，水工结构复杂、机电设备多、管线密集。传统的二维图纸设计方法，无法直观地从图纸上展示设计的实际效果，造成各专业之间出现意见或分歧，导致设计变更、工程量漏记或重计、投资浪费等现象频繁出现。BIM 是基于全生命周期管理的数据库，在工程建设管理领域具有强大的优势。结合目前水利工程建设领域应用 BIM 的现状，未来通过政府政策引导、标准先行、项目参与方协同共享、软件开发企业技术攻关、BIM 从业人员深入培训等多种有效手段，充分发挥 BIM 在水电工程建设中的应用价值之后，水电工程建设领域的信息化建设必将迈上一个新的台阶。

（一）平台业务支撑

可视化建设（图 3-5）是智慧管控建设的基石，是在智能化建设基础上引入可视化、虚拟仿真、大数据分析等技术，以工程建设管理对象三维模型为主体，实现对工程建设施工全过程管控的目标。

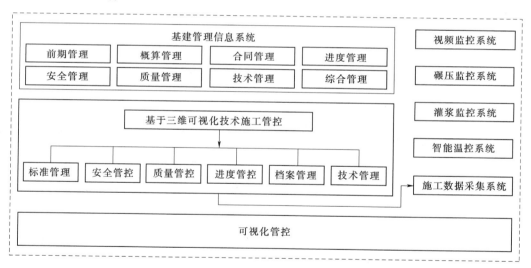

图 3-5　可视化平台业务应用

1. 工程可视化系统，实现工程建设三维可视化

工程可视化系统是基于三维模型、虚拟现实、大数据、云计算、移动互联、物联网等技术实现对工程建设的三维可视化。系统基于施工总平面布置及设计成果，实现对拌和系统、运输公路、进出场道路、取料弃渣场、现场大型施工设备、营地、施工围堰等建模，形成与实际环境一致的三维可视化施工场景要素，管理人员可直观查看工程整体形象面貌，分析工程建设管理要素。

同时，系统实现对大坝、厂房、洞室、机电安装工程三维可视化展现（图 3-6），对不同类型工程建设模型按照标段、单位、分部、单元及工序等施工模型管理，实现工程建

第三章　智慧管控平台及架构

设施工阶段工程控制模型及信息管理，辅助工程建设施工过程管理。

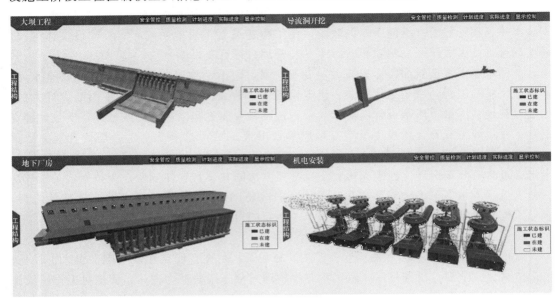

图 3-6　丰满工程建设实体可视化

2. 施工管控系统，实现现场施工全寿命管控

施工管控系统是基于大数据、云计算、移动互联、物联网、可视化等技术实现对现场施工进度、施工质量、现场安全、施工档案等全过程的管控系统。系统实现对现场施工过程的全寿命周期管理。根据工程建设管理面对的不同层级空间对象和管理的实际要求，如单位工程、分部工程、单元工程等，数字化采集和管理各空间对象的质量、进度、安全、技术等工程建设管理数据和关键工序的实时监控数据，并对数据进行挖掘分析和利用，为工程建设精细化管理提供决策性的支持信息和关键施工过程实时监控的预警工具。在应用层次上，面向业主单位、监理单位及参建各方的建设管理工作，实现工程建设项目的规范化管理。

同时，在施工管控系统与工程可视化系统之间实现了无缝集成，在可视化系统上实现现场施工过程可视化监控和管理，实现工程建设进度可视化、质量可视化、安全可视化、档案可视化等；通过施工管理信息与可视化模型的交互，在可视化的平台上控制工程BIM数据的显示，为决策者提供可视化的数字管控平台，为工程建设真正步入规范化、自动化、科学化、智能化的管理轨道发挥了巨大的作用。

通过施工过程管控系统与可视化系统的无缝集成，全面展示工程施工管理数据的三维可视化窗口，集中体现了可视化技术对工程施工全生命周期的业务协同与决策支持作用。它以三维模型为载体，实现对工程竣工全景可视化、工程施工过程的质量可视化、进度可视化、安全监控可视化、工程档案可视化等功能。

系统三维直观可视、虚拟交互等特点为用户在三维数字化施工场景中进行施工现场的信息查询、浏览与管理工作提供了便利，如此可不受时间和空间的限制，能够有效地提升施工现场的管理水平。

3. 施工标准、规范库，实现现场施工质量管控标准化

信息化的第一步是标准化，只有标准化才能有可视化；任何工程的管理都是基于基准来进行管理的。在工程建设管理过程中，进度管理的基准是基线进度计划；质量管理的基准是国家规范对各工序的质量规范；合同管理的基准是施工图复核后的零号清单等。在全寿命管理过程中，质量管理标准化、可测量、可控制显得尤为重要。丰满建设局为强化丰满重建工程全过程质量管理，按照与国际接轨、控制有效、责任追究的原则，依照监理规划和施工规范，统一建设过程中工程质量控制类型和检查方式。

系统实现对工程质量控制标准管理，对各责任单位根据法律法规、有关规程和合同约定对需履行的工程质量责任设置质量控制点，并作为质量控制的作业标准和关键业务，为丰满重建工程质量检验、验收和评定的规范化和标准化工作提供了管理平台，使丰满重建工程的质量处于全过程受控的状态。系统对提高工程质量水平具有重要的指导和促进作用，形成事前质量控制标准、事中质量检查标准、事后质量评价标准的标准化、可视化、可测量的质量控制标准体系。

4. 施工数据采集系统，实现建设施工过程数据自动采集、归档

施工数据采集系统建设解决了施工建设过程中数据采集的难题，避免传统数据采集手工方式工作量较大、时效性较低等问题，将数据采集与施工作业实际融合，提升施工管理人员的工作效率，实现施工数据实时采集和自动归档。

（二）平台特性

在数字化和智能化建设基础上，平台实现可视化特性，其可视化特性实现"工程实体可视化、管理可视化、数据可视化"。第一个可视是指工程实体可视化，实现施工建设全过程整个工程实体三维可视化；第二个可视是指管理过程可视化，实现工程建设施工全过程监督与管控；第三个可视是指施工管理决策数据可视化，实现对建设施工过程数据结果的可视化。

1. 工程实体可视化

智慧管控平台基于三维动态建模技术实现对工程建设实体的三维可视化，解决传统管理工程无法直观展现的问题，明晰工程建设管理对象。根据工程施工划分管理情况，实现对施工管理单元三维模型的管理。工程可视化特性实现工程管理对象三维可视化，辅助施工管理，为工程建设提供全新的管控手段。

2. 管理可视化

管理可视化是指将管理对象与管理过程相结合，并对施工建设过程管理数据形成的相应可视化形态进行管理与展现。通过管理可视化实现工程建设施工全过程安全、质量、进度、档案等多维度管理，实现业务与工程管理对象之间的融合集成，可视化工程建设全过程都可参与管理并可追溯。

3. 数据可视化

丰满智慧管控平台融合集成了大数据分析、可视化、虚拟现实等现代信息技术，最终实现工程大数据可视化特性。数据可视化特性体现在三个方面，即"多维性、交互性、可视性"。

（1）多维性。通过数据可视化的呈现，能够清楚地对数据的变量或者多个属性进行标识，并且所使用的数据可以根据每一维的量值来进行显示、组合、排序与分类。

（2）交互性。实现在数据可视化展现操作的同时，用户可以利用交互的方式来对数据进行有效的开发和管理。

（3）可视性。数据可视一般以动画、三维立体、二维图形、曲线和图像来对数据进行显示。丰满智慧管控平台数据可视主要是用数据驱动三维模型的方式，进行多维立体信息的展现，这样就可以对数据的相互关系以及模式来进行可视化直观展现和分析。

数据可视化特性帮助工程建设管理直观展现施工数据，通过平台实现对数据处理、分析和可视化展现，使得沟通复杂的信息变得简单、直观，可视化信息让我们的大脑能够更好地抓取和保存有效信息，增加对信息的印象。丰满智慧管控数据可视化是以工程管控对象为基础，以前期设计、过程实施、质量验收等施工全过程管控为目标，从多角度进行观测、跟踪数据、实时运算分析，进而找寻数据直接的潜在关联，进行多维度数据挖掘分析，通过数据可视化实现多维的数据展现，帮助施工管理人员更好地分析施工过程数据，为管理决策提供分析判断的依据。

4. 集成可视化

集成可视化特性是丰满智慧管控平台的核心特性之一。基于可视化信息集成技术，将可视化三维管控对象交互应用方式与各业务应用的可视化进行集成，满足了工程建设业务综合应用、数据整合应用、设备联合应用的综合性整合需求，实现了智慧管控平台三维可视化直观展现业务应用数据及可视化分析，达到可视化、直观化、简单化、人性化、一体化的建设目标。

丰满智慧管控平台的集成可视化特性，充分发挥了智慧管控平台对多专业系统、异构平台的融合集成优势。根据业务应用中算法模型（model）、业务规则（rules）、数据透视（visualization）、交互控制（control）定义一套可视化集成工具，实现搭建成统一平台的完整解决方案，可以根据业务需求快速搭建业务系统融合集成，完成数据抽取整合、设计数据分析应用，是一套全面、成熟、易用、可视化的集成平台。

（三）探索阶段面临的问题与挑战

可视化阶段建设构建一套丰满重建工程可视化三维模型，并实现以工程建设管理施工单元为最小施工管理对象的可视化施工全过程管控，转变了传统工程建设粗放的管理观念，实现了工程建设的精细化管理，为丰满智慧管控提供了扎实的平台基础。同时，也发现了一些工程建设管理过程中出现的施工管理难点及问题。

（1）水电工程施工较为复杂，依托图纸建立的工程三维模型与实际施工过程现场情况存在差异性，且手工建模的工作量较大，事后实现三维模型发挥作用已远远不能满足实际业务的需求。

（2）可视化数据为工程大数据提供了更为直观的展现窗口，但前期施工过程信息的有效利用率不高，数据挖掘的价值也较小，且对工程建设施工过程中各方面数据挖掘的信息不全，无法发挥数据价值最大化以辅助施工管理的决策。

（3）工程建设施工依然存在施工管理的盲区，传统管理方式依然存在，不能有效提高沟通管理的效率，不能及时掌握工程建设施工全过程的质量情况。

（4）工程业务建设分散，缺乏一个统一的技术整合平台。水电工程建设施工建设管理业务范围较多、较复杂，其工程建设过程中信息化建设所应用的信息技术并不相同。丰满重建工程信息化建设过程中，各业务管控信息化建设采用了不同的技术平台、技术架构和数据结构，这使工程建设整体管理面临较大的困难。

可视化建设为智慧管控建设迈出了坚实的一步，通过"工程可视化、管理可视化、数据可视化"进一步推进工程建设过程信息及管理的数字化、网络化、智能化和可视化。即，在可视化的基础上，最大限度地利用信息资源来辅助工程建设施工管理。

四、智慧管控阶段

丰满智慧管控探索与研究历经了数字化、智能化、可视化几个阶段，最终建立了"智慧丰满"管控平台，实现工程建设"三维可视化、施工标准化、采集智能化、施工全过程管理"的建设目标。平台通过三维动态建模技术将工程建设施工管理单元模型与实体工程一一对应，实现多专业数据的实时动态可视化管理；按照标准化的工作流程自动推送工作任务，落实施工过程的标准化管控；建立工程业务结构化数据标准，采用物联网技术进行现场数据的实时采集，实现对工程信息的高效智能化应用；通过平台可实现工程规划、设计、施工、验收、生产运行各阶段全过程管理，最终达到全程可视、精细管理、科学决策的智慧管控目标。

通过丰满智慧管控平台的建设，使得信息技术与水电工程建设业务深度融合集成，有效促进了工程建设管理科学发展、跨越发展、和谐发展，是提升工程建设综合管控能力和企业核心战略的重要手段。

（一）平台业务支撑

丰满智慧管控平台（图3-7）业务应用支撑是在数字化、智能化、可视化基础上，深度融合现代信息技术，深度挖掘工程数据价值为工程管理服务，实现施工过程全寿命管控，从施工策划、试验检测、过程实施到质量验评全过程的管理。利用大数据分析、可视化集成、智能化管控等技术建立智能化管控手段和智慧决策分析，建立工程建设施工全过程业务管控信息集成，实现对施工数据深度挖掘，构建工程建设智慧决策分析体系和大数据信息检索应用。通过全寿命管控业务建设、全过程施工数据集成、工程建设综合性分析应用，有效提升工程建设管理水平，使工程建设管理决策更加科学和高效，管控手段更加智能、管理决策更加智慧。

1. 多专业协同工作网络化平台

建设一体化平台，实现多系统融合，实现工程建设业务协同管理。通过建立标准的数据交换和集成，将原先分布在各业务系统中的信息交换整合到集成平台上来，实现工程建设管理信息的互联互通，消除信息孤岛，使信息数据实现充分的共享，以此来优化工程建设管理业务流程且缩短工程建设管理业务处理的时间，提升了效率，从而实现信息整合。同时，可以在统一的平台上进行数据的挖掘和分析，为实现智慧工程创造了数据基础，为实现智慧工程建设管理决策支持平台创造了条件。各级管理人员及参建单位可以突破时空、资源、环境的限制，通过统一的网络平台，快速全面地了解工程进展，协同工作。

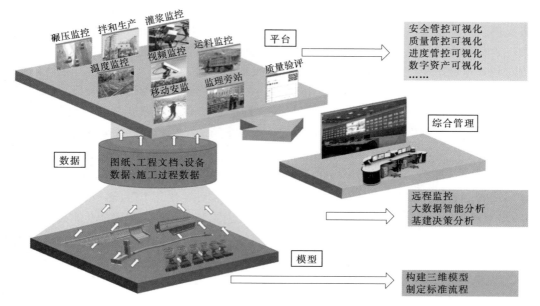

图 3 - 7　智慧管控平台

通过建设全面提升一体化平台的网络传输服务能力、基础设施服务能力、数据资源服务能力、信息集成服务能力和访问渠道服务能力，为工程建设管理应用系统的运行提供了坚实基础。同时，一体化平台的应用从技术上解决了系统建设重用性、开放性、灵活性、扩展性等关键性问题，大幅度降低了应用开发和系统管理的难度。平台将工程建设各专业系统一对一的接口模式改为各子系统面对集成平台的多对一的接口模式，降低了业务系统集成的复杂度和业务应用的维护成本，也减少了业务系统开发的工作量，同时也降低了业务系统选择的局限性。

2. BIM 应用使粗放的、滞后的管理过程转变为可视化的、精细的、实时的管理

水电工程建设十分复杂，工程建设施工管理数据也十分庞大，可以说是构成了大数据行业，但当前也是最没有数据的一个行业。同时，工程项目的管理本质又决定了如果没有强大的基础数据支撑能力，再好的流程、制度、激励措施和管理团队，也无法实现对工程建设精细化管理的转型升级。丰满通过将 BIM 技术与虚拟现实技术相结合，使工程设计与管理数据准确地展现在可交互的三维模型之上，可用性大大加强，激活了大量沉积的"死"数据，使工程施工管理发生了质的变化。

（1）实现工程全生命周期信息管理与共享。建立了工程设计、建设施工、建设运维等各个阶段的信息模型。实现信息模型会从一个阶段传递到另一个阶段，真正做到信息可以流动，模型也可以流动，并贯穿项目的整个过程。通过可视化 BIM 模型信息承载，实现工程建设管理各条线协同、共享，解决了传统工程建设管理合作效率低下的问题，为工程管理决策者提供及时、准确的工程建设施工数据，提升工程建设管理的统筹能力。转变传统工程管理凭借经验进行布局管理方式方法，实现各方的共享与合作，降低工程建设管理成本，从而提高了工程建设管理的效率。

（2）改变传统管理模式，实现工程建设精细化管理。工程项目开始后会产生海量的工程数据，这些数据获取的及时性和准确性直接影响到各建设管理层的精细化管理水平。基于 BIM 实现对现场工程精细化管理，实现工程建设管理各条线协同和共享，解决了传统工程建设管理合作效率低下的问题，为工程管理决策者提供及时、准确的工程建设施工数据，提升了工程建设管理的统筹能力。转变了传统工程管理是凭借经验进行布局管理的方式方法，实现各方的共享与合作，降低了工程建设管理成本，从而提高了工程建设管理效率。

（3）降低工程设计交底难度，实现可视化移交。传统工程建设设计资料难以保存，现在工程项目的大部分资料保存在纸质媒介上。由于工程项目的资料种类繁多、数量和保存难度过大、应用周期过长，在工程项目从开始到竣工结束后大量的施工依据不易追溯，尤其涉及变更单、签证单、过程验收单等重要资料的遗失，将对工程建设各方责权利的确定与合同的履行造成重要的影响。基于可视化三维模型，实现设计交底信息与模型逻辑相关联；当设计发生变化时，工程建设虚拟模型也随之发生变化，并实现与之关联的技术参数、图形和文档将自动更新。同时，基于可视化 BIM 模型，实现专业设计信息共享。各专业管理人员可从信息模型中获取所需的设计参数和相关信息，减少数据重复、冗余、歧义和错误等问题的发生。

（4）基于可视化工程模型，实现施工建设全方位管理。

1）可实现集成项目交付管理。把项目主要参与方在设计阶段就集合在一起，着眼于项目的全生命期利用 BIM 技术进行虚拟设计、建造、维护及管理。

2）可实现动态、集成和可视化的施工管理。可将建筑物及其施工现场 3D 模型与施工进度相连接，并与施工资源和场地布置信息集成一体，建立施工信息模型；实现建设项目施工阶段工程进度、人力、材料、设备、成本和场地布置的动态集成管理以及施工过程的可视化模拟。

3）可实现项目各参与方协同工作。项目各参与方信息共享，基于网络实现文档、图档和视频文档的提交、审核、审批及利用。

4）可实现虚拟施工。在计算机上执行建造过程，可在实际建造前，对工程项目的功能及可建造性等潜在问题进行预测，包括施工方法试验、施工过程模拟以及施工方案优化等。

（5）提升工程建筑运营维护管理能力。

1）综合应用 GIS 技术，将 BIM 与维护管理计划相连接，实现智能化和可视化的设备实时监控。

2）基于 BIM 进行运营阶段的能耗分析和节能控制。

3）结合运营阶段的环境影响和灾害破坏，针对结构损伤、材料劣化以及灾害破坏，进行建筑结构安全性、耐久性的分析与预测。

通过 BIM 技术在工程建设管理中的应用，将传统工程中粗放、不直观的管理方式转变为工程建设全过程精细化管理。为工程建设管理提供了强大的数据支持和技术支撑，推进了智慧工程建设发展，加快了传统建筑的智能化改造，新建建筑的智能化投资建设进入了快速发展的阶段，为行业带来极大的效益和价值。

3. 规范施工行为，保障施工质量

将标准固化到复杂工艺执行管理过程，规范了施工现场行为，从源头保障了施工质量。

（1）工程建设施工管理过程中，质量管理至关重要。需要把握从单元工程、分部工程、单位工程至整个项目的质量控制。水电工程建设施工涉及多专业施工作业类型，施工工艺复杂，而现场作业的施工人员水平不一，作业施工质量难以得到控制，工程质量也无法保障，成为工程建设施工管理主要难点。

（2）质量管理与标准化虽然是两个不同的学科，但两者有着非常密切的关系。标准化是进行质量管理的依据和基础，标准化的活动贯穿于质量管理的始终，标准与质量在循环过程中互相推动，共同提高。通过标准化与质量管理相结合，建立施工规范标准库，将工程建设施工专业所涉及的专业施工标准纳入到标准库建设中来，并可全程跟踪单位、分部、单元工程施工过程，更全面且实时地管理施工现场作业，对工程建设施工全面监控，对施工单元质量情况实时监督、控制，实现工程建设施工真正意义上标准化、规范化管理，降低工程施工复杂程度，保障工程建设的施工质量。

（3）通过建立工程建设施工标准、规范库，强化施工过程质量管理，按照与国际接轨、控制有效、责任追究的原则，依照监理规划和施工规范，结合行业通用施工规范和企业建设管理规范，统一建设过程中工程质量控制类型和检查方式。通过借鉴国际、国内质量控制的优秀成果及工程实际情况，实现工程建设标准库及管理标准库建设及管理。对各责任单位根据法律法规、有关规程和合同约定需履行的工程质量责任设置质量控制点，并作为质量控制的作业标准和关键业务，为工程质量检验、验收和评定的规范化和标准化、工程现场数据收集及工程资料归档标准化工作提供了统一的技术支持，使工程质量处于全过程受控状态。

（4）通过工程建设施工标准、规范库建设及应用，将工程管理过程中涉及的工程开工、试验检验、工程测量、拌和站、三检评定等施工过程管理标准纳入标准库，规范对现场各个管理环节、管理标准、管理模板及操作要求按照施工工序的控制点进行预置，从而大幅度降低了工程管理的难度。形成事前质量控制标准、事中质量检查标准、事后质量评价标准的标准化、可视化、可测量的质量控制标准体系。

4. 危险源自动识别、分析、管控

对施工现场危险源进行自动识别、分析、管控，有效预防了作业危险的发生。通过智慧管控技术应用，实现施工现场危险源自动识别、分析及管控。按照作业类型、施工部位等建立现场施工作业风险及预控措施标准库，并结合工程建设施工计划、施工部位，在可视化虚拟模型上及时、有效地进行施工管控。在实际开工时可对建设管理、监理、各参建单位开展有针对性的培训、考核和模拟施工。使参建单位各工种在工程实际开工前就对施工作业面的施工内容、施工方式、施工方法、施工安全和应用规范完全掌握。在实际施工过程中各参建单位依据模拟施工内容结合实际施工条件、施工情况，按照相关规范有序施工；建设管理单位及监理单位参照相关规范对其指导施工，使施工现场管理有法可依，有章可循。

同时，对于隐蔽性高的施工部位，可模拟现场实际施工环境，模拟施工作业风险，有效降低现场事故发生率，为工程建设施工提供全方位安全保障。

5. 信息资料获取及时准确

数据采集方式的物联化使工程施工信息与工程资料的获取更加及时准确。工程建设过程中产生大量的现场管理原始数据资料，包括土石方挖填与运输、混凝土生产与浇筑、混凝土骨料生产与运输等方面的基础数据，也包括三检表、报审表、评定表等验收数据。这些数据资料是工程管理不可缺少的内容，也是工程验收存档的关键性资料。但在现实管理过程中形成的资料管理因为记录繁杂、现场数据管理零乱，造成了存放分散、无序及查阅不方便等问题，导致了大量数据的丢失，业务资料查阅困难，管理过程不能追溯，给工程最终竣工验收移交造成了很大的困难。

传统的施工竣工管理方式只是考虑管理结果收集，大量的工程管理数据采用计算机和手工同时录入的方法，没有起到信息化的真正作用，没有找到管理对象，只是按照管理经验和管理内容去管理，管理经验不可传递，管理内容不系统，从而导致了管理的不全面。丰满智慧管控通过移动互联技术实现现场施工管理过程数据实时采集，将工程建设施工数据标准纳入标准化管理体系，实现现场验收资料、施工照片等自动化采集及管理，施工数据自动采集并归集到每一个管理单位（标段、单位、分部、单元、工序）中，从而杜绝施工资料缺失、漏签、补签、工程资料查询不方便等情况，大大提高了工程验交的质量和速度。

智慧工程建设将物联网技术应用于工程建设施工管理，是在依托物联网的基本关键技术和智慧工程基本架构的基础上，实现对工程建设施工数据的自动化采集。统一的数据管理、跨部门、跨系统数据共享与综合利用，避免数据重复采集与不一致，进一步提升工程建设施工各环节的精细化管理能力，降低施工管理成本，增强建设管理综合保障能力，实现工程建设全生命周期信息集成和智能管理。

6. 部分工序自动化与智能决策支持

对大数据的综合利用和深度分析挖掘实现了部分工序自动化和智能决策支持。

（1）物联网技术的应用和多系统多渠道数据集成形成了数据量大、实时性强、内容复杂多样、富有价值的丰满智慧管控大数据体系。有数据是有智慧的基础，丰满对大数据采用了分层综合利用的自动化和智能决策体系，大大提升了施工安全、质量和进度管控的实时性、精细度和科学性。

（2）在施工工艺上采用智能温控、混凝土碾压监控、灌浆监控等辅助手段，大大提升了自动化水平和管理的实时性。比如，实现了混凝土出机口温度、入仓温度、浇筑温度和混凝土内部温度四个关键温度指标的自动采集和实时上传；采用流量测控装置控制每条冷却水管流量，四通换向球阀控制冷却水定时自动换向，实现了冷却通水全自动控制。碾压车超过最大限速连续 10s 时，系统会发出超速报警，有效控制了碾压机超速问题；碾压过程中连续 10m 条带激振力不达标，则系统会发出激振力不达标的报警。

（3）来自施工监控的分析报告为及时提升管控专业化提供了依据。比如通过对碾压监控报告进行分析梳理，将碾压遍数控制目标具体到每一个施工仓面，确立了满足碾压遍数要求的区域面积比率要求，建立了漏碾、欠碾处理机制，分控站监理工程师与现场施工管理人员根据指标协同控制。混凝土温控有关的数据自动归集形成单仓报告，技术人员可以迅速获取实时监控数据，判断混凝土温度控制效果，及时发现异常并采取纠偏措施。

（4）以自动评价代替人工评价，基于数据分析进行安全、质量与进度管控，在施工仿真与分析基础上做出决策，使管理与决策更加科学、准确和高效。通过将各种施工标准、检验检测标准植入系统，实现了在质量验评、试验检测过程中的自动评价，改变了传统由人工录入事实数据与结论数据的方式。平台提供了安全、质量、进度的分析控制功能，比如针对实际与计划进度的三维可视化比对、进度调整对后续工作强度的影响及物料需求的影响分析，为每次进度计划的调整提供了强有力的支撑。

7. 数字资产

丰满智慧管控平台建设正在形成一套三维、可交互、信息齐全的数字资产。

传统水电工程施工管理模式下，由于办公条件差、地点不稳定、工作繁忙，文档数量大、类型多、内容复杂，管理人员难于在施工过程中对竣工所需资料进行收集归档，完工后也要花很长时间整理竣工资料。完工时往往出现大半资料丢失的情况，甚至专门花2年补竣工资料，并且由于纸质资料难以保存和查找，不便于后续生产经营过程中查找和使用，因此对竣工资料的管理成为工程施工管理领域的一大难题。

丰满智慧管控平台将竣工资料的产生环节作为管控点，以移动终端、二维码等新一代技术辅助进行采集，使采集与归档操作变得简单，避免了投入大量人力补竣工文档的过程，调动了施工单位与监理单位的积极性，解决了竣工资料采集的难题。由于采用二维码技术使各种电子资料的采集始终与相关的BIM模型保持关联，因此智慧管控平台实现了在施工业务管理过程中对电子竣工文档的自动归类，免去了人工整理的巨大工作量，从而实现了在工程竣工验收后，形成实体工程建筑物与机电设备资产的同时，也形成了一套三维、可交互、信息齐全的数字资产，为生产运营期对固定资产的维护打下了良好基础。

（二）平台特性

一体化平台的建设为提升工程建设管理水平，加强管理和提高效率提供了管理支撑，最终实现了工程建设"平台化、服务化、标准化、流程化、智能化、人性化"的目标。

1. 平台化

从整体架构上看，各个应用将基于一个平台，即"平台＋应用"。一个平台指工程建设管理一体化平台，各个应用指目前的各个业务系统和将来的各种专业应用系统。

2. 服务化

按照"整合公共服务资源，凸显公共服务能力，实现服务共享"的基本思路，将各专业系统的功能和模块，转化为不同粒度的开放式服务。

3. 标准化

基于一体化平台实现各项标准建设服务标准、数据标准、流程标准等标准化，并将服务的质量、数据仓库结构、流程模板等也纳入标准化行列，建立行业标准化模板。

4. 流程化

工程建设管理各项业务实现流程驱动，工作方式实现协同化。

5．智能化

通过平台实现对感知数据进行融合、分析和处理，实现业务流程的智能化集成，实现工程建设的智能化管控。

6．人性化

通过一体化平台实现对工程建设管理业务数据集成与整合，将分散、低效的信息获取通过汇集、共享，实现快捷高效的访问，简化信息查询、提高数据利用率，降低用户的操作复杂度。

第三节　丰满智慧管控平台整体架构

一、总体架构方案

（一）架构设计原则

1．统筹各类资源

（1）面向整个丰满重建工程高标准施工管控要求，从参建单位各方操作、管理、决策工作对信息化支撑需求出发，力求建立一个功能全面、操作方便、智能化程度高的一体化协同工作平台。

（2）在应用和数据方面，该平台将有机集成各类专业系统的主要功能与数据，并与新源公司基建管理系统对接，成为建设单位及各参建方最主要的工作平台；同时基础设施方面，将充分利用丰满发电厂和新源公司网络与数据中心资源。

2．固化统一标准

平台建设应以标准、规范为基础：①信息系统建设应以业务与数据等标准、规范为前提和依据；②应将标准、规范固化到信息系统业务逻辑和表单项中，通过信息系统的应用约束业务活动的规范性，同时为业务工作提供标准、规范类知识支撑，提升工作效率。

3．面向核心需求

平台的功能设计应在业务梳理优化的基础上，选择关键的信息采集和管控环节进行信息化支撑，用户范围应覆盖各参建单位。在满足建设单位智慧管控需求的基础上，应充分挖掘各参建单位对一体化平台的需求，充分调动各参建单位的参与积极性，以及更好地帮助其做好一线施工管理工作。

4．智能信息采集

传统信息采集方式要求在特定场所由人工来进行录入，录入量大、逻辑复杂，这往往是信息系统推广应用难和数据真实性、实时性差的主要原因。随着移动互联网、终端应用、二维码、RFID等技术的应用，信息采集方式正在发生巨大的转变。一体化平台应充分利用这些移动终端智能化信息采集技术和设备，使信息采集环节尽量前移，采集方式尽量简化和智能，促进信息采集更加实时、真实和便捷，将整个系统的应用价值提高至最大化。

5. 深挖数据价值

在统一的数据标准基础上，整合各类工程模型与施工管理数据，充分利用大数据、云计算、数据仓库、数据挖掘、联机分析处理、统计报表等技术与工具，综合分析与深度挖掘数据价值，通过数据分析、评价、预测、预警等功能集中体现一体化平台的智慧性，大幅提升工程施工管理与决策的科学性。

6. 立体化操作感

（1）在平台中深度整合 BIM 与管理信息，以单元工程为基本管理单元，通过三维立体模型直观展示和管理工程面貌、危险源、质量验评结果、进度等信息。

（2）通过全新立体视觉效果，明显改善系统的易用性，促进多方协作与信息整合，提升管理效率。

7. 架构可扩展性

（1）要充分考虑未来业务需求的发展、与生产运营期需求对接、新专业系统建立、与新源公司系统对接等扩展需求，系统要具备很强的扩展性，并且将来可以方便、快速、稳定地进行升级。

（2）要保证网络接口可扩展、信息资源可扩展、应用功能可扩展、用户容量可扩展以及松耦合结构，便于维护。

8. 保障安全

（1）确保各业务系统和网站在物理、网络、系统、应用、数据等各个层面处于适当安全等级；采用多层安全控制手段，建立完善安全管理体系；采用备份机制和应急方案来保证系统的安全性。

（2）整个系统具有良好的安全管理功能，从数据传输、存储、检索、提取、入库、发布、管理等各个层面和角度都具有相应的安全机制，并建立一个安全实用、全面的计算机网络管理系统。

（二）总体架构方案

丰满建设局着力于建设一套统一技术架构、统一数据管理、统一业务与信息标准的一体化智慧管控平台（图3-8），通过平台集成各类专业系统，基于业务与数据标准及 BIM 技术实现业务整合与协同；通过物联网与大数据技术应用实现信息的实时采集与智能分析。因此，丰满重建工程智慧管控是一套基于"互联网＋"的智慧管理体系。

这种体系依托现场无线网络、视频和集互联网、物联网、工程 BIM、虚拟现实、大数据、云计算等新一代信息技术，结合专业控制子系统，实现更广泛的实时数据采集；更自主鲁棒的物联网络；更快速的大数据综合智能分析、处理与反馈；更充分的业务协同以及更丰富的动态三维展现。

1. 基础设施层

基础设施层包括感知层、接入层、网络与数据中心。感知层包含各种感知设备。感知设备通过多种接入层网络接入网络中心。感知设备能够主动感知与自动调整。网络中心则能够根据感知设备及网络环境自动进行物联网络的自适应调控。数据中心引入云计算资源用来应对大数据存储与分析对资源的高速扩张需求。

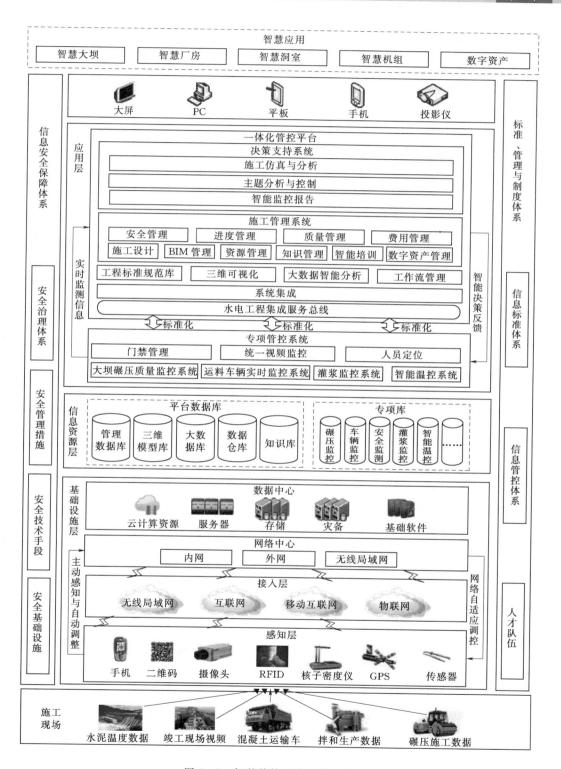

图 3-8 智慧管控平台总体架构图

2. 信息资源层

作为平台数据中心，承载着平台及专项系统的各类数据。其中，管理数据库、三维模型库、大数据库、数据仓库、知识库属于平台数据库。这些数据库统一管理着整个丰满重建工程的主要数据，汇聚并整合了各专项系统数据。辗压监控数据库、车辆监控数据库等属于专项数据库，用于存储各专项系统产生的数据。

3. 应用与展现层

（1）以智慧管控平台为核心，通过系统集成、工程标准、规范库、三维可视化、大数据智能分析、工作流等技术的应用，在集成了各专项管控系统的监测信息、功能的基础上，按照规范化的施工管理业务流程进行整合与分析处理，实现了安全管理、质量管理、进度管理等施工管理功能与决策支持的功能。

（2）提供了标准化的功能、流程与表单，并且具备通过参数配置和二次开发以适应不同类型工程（如大坝、厂房、机组、洞室等）的能力，也使得丰满重建工程积累的管理经验、标准、规范具备了向其他水电工程推广的基础。

（3）展现层则充分适应了现场与指挥中心等多种不同的系统应用场景，支持手机、平板、指挥中心大屏、PC 等各种方式进行展现。

4. 保障体系

保障体系包含安全与信息化管理这两个方面。信息化管理方面主要包含标准、规范、管理与制度体系。该系统中植入了涵盖水电工程建设行业涉及的国家、行业的标准和规范，以及企业内部的相关管理规章制度。

信息安全保障体系是多个层面的综合体系，包括安全治理体系、安全管理体系、安全管理措施、安全技术手段和安全基础设施。

二、智慧管控应用架构

丰满智慧管控平台应用功能设计基于工程项目管理基础理论和对业务流程的梳理与优化，通过应用支撑平台支撑各应用系统及门户的运行，通过施工管理系统、决策支持系统和统一门户，满足各方在重点工程项目管控域和业务环节的信息需求（图 3-9）。通过水电工程集成总线接入各专业系统提供的功能服务，使平台功能与专业系统功能形成有机整体。一体化平台还提供灵活配置能力与快速建模能力，实现对各种施工场景及计划变更的快速支持。

（一）门户

1. 单点登录

单点登录是一个用户认证的过程。在用户访问应用系统时，通过使用单点登录技术，使用户拥有一次认证访问多个应用系统的体验。

2. 内容汇聚

随着应用系统不断建设，应用系统出现了信息孤岛现象。信息孤岛的出现使信息资源无法实现共享。内容汇聚功能在门户界面上实现系统入口的集中、多系统待办事项的归纳、多系统通知、提醒、重点信息的集中展现。使用户不必登录多个系统就可以快速、全面地获得最需要的信息。

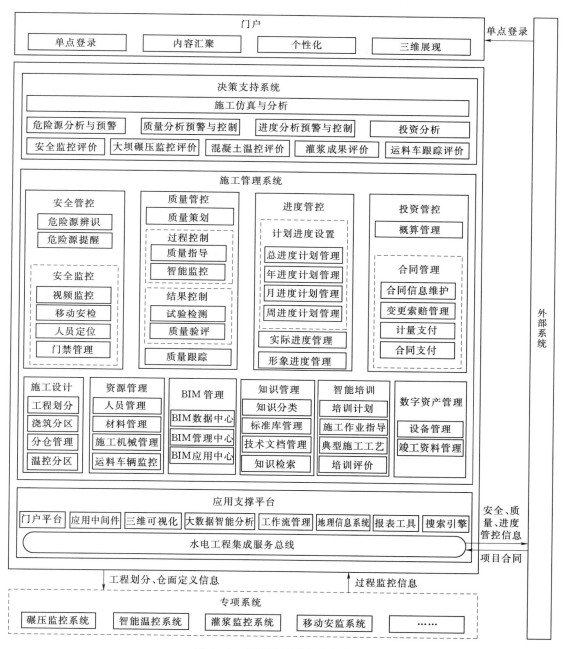

图 3-9 智慧管控平台业务应用

3. 个性化

无论是社会信息还是内部信息都是大量膨胀并呈几何级的增长趋势，以致企业员工被大量数据所淹没，很难找到所需数据，或者需要花费大量的时间和精力才能找到有效的信息，导致了信息流通不畅，整体效率低下，业务效率无法提升等问题。信息膨胀催生个性化服务。个性化功能根据用户角色展示个性化的功能，向用户推送个性化的通知、任务，展现个性化的信息，提高信息的有效性。

4. 三维展现

传统二维的信息系统界面在信息量不大、展现内容结构较简单的情况下尚可，但对于建筑设计图纸，并且附加管理信息后这种非常复杂的图形展现起来则显得非常困难。因此平台引入三维展现引擎，立体展现主要建筑物对象及相关管理信息，使人机界面友好性大幅提升。

（二）决策支持系统

1. 综合性决策支持

为了在实际投资、设计或施工活动之前就及时采取预防措施，对施工活动中的人员、材料、机械设备信息及施工过程进行全面的仿真，对分析结果进行分析，以便发现施工中可能出现的问题。

2. 主题分析与控制

面向安全、质量、进度等综合性管理问题进行分析，提供管理决策依据。该功能主要包括危险源分析与预警、质量分析预警与控制、进度分析预警与控制，以及赢得值分析等面向主要管理主题域的数据综合分析与挖掘功能。

3. 智能监控评价

面向现场专项物联网数据进行统计分析，提供管控过程优化依据。该功能主要包括安全监控评价、大坝碾压监控评价、混凝土温控评价、灌浆成果评价、运料车跟踪评价等智能监测系统数据，并进行统计分析评价。

（三）施工管理系统

1. 安全管控

（1）危险源辨识。提供危险点及控制措施库，涵盖丰满建设局施工过程中可能遇到的危险点及控制措施，用户可以从中选择项目相关的危险点及控制措施，构建项目的安全管理体系，以便施工人员预先进行分析、按规定安全施工，避免发生事故。

（2）危险源提醒。将安全计划与施工进度计划进行关联，系统能够根据施工进度自动提示即将施工部位的危险源信息。

（3）视频监控。将现场放置的视频监控集成到系统的三维场景中，并在虚拟三维场景中的对应部位进行标示，通过平台实现身临其境般的施工现场视频监控感受。

（4）移动安检。集成移动安检系统。移动安检系统通过移动终端实现安检过程管理及数据采集。平台通过接入移动安检数据，将问题反映在三维模型上，可在三维场景上定位问题并做相应的管理。

（5）人员定位。通过施工人员随身配带的位置传感器完成人员位置信息的采集。管理者可通过平台在三维场景中定位施工人员，根据安全规则对存在的安全隐患进行报警；查看施工人员详细信息，以便随时利用人员定位信息保护人员安全。

（6）门禁管理。集成门禁管理系统。管理人员可通过平台实时查看每个门区人员的进出情况，系统可根据非法侵入、门超时未关等安全策略进行报警。

2. 质量管控

（1）质量策划。该功能用来在工程划分审定之后，根据实际工程质量管理工作的要求，对各工程管理单元进行预先的质量控制标准进行选择的过程。

（2）大坝碾压监控。集成大坝碾压监控系统。大坝碾压监控系统实现混凝土碾压过程的监控，平台将大坝碾压监控系统的监控数据及查询分析功能集成进来，在三维场景中可方便地找到大坝碾压过程监控数据图表。

（3）智能温控。集成智能温控系统。智能温控系统实现混凝土碾压过程的监控，平台将智能温控系统的监控数据及查询分析功能集成进来，在三维场景中可方便地找到智能温控过程数据，并查看相关分析图表。

（4）灌浆监控。集成灌浆监控系统，实现灌浆过程的监控。平台将灌浆监控系统的监控数据及查询分析功能集成进来，在三维场景中可方便地找到灌浆监控过程数据，并查看相关分析图表。

（5）试验检测。对试验检测申请流程和试验结果进行管理，记录试验检测委托和登记表，支持试验结果的记录，自动生成试验检测报告。充分利用试验检测标准及相关运算公式，加强自动填写和评价能力，减少试验检测人员的工作量、提高效率和准确度。

（6）质量验评。包括施工单位内评与监理单位验评。施工单位内评时，施工人员利用手持终端，在已经配置好的单元工程三检表上录入自检信息，经过审核、审批形成带二维码的最终三检表，表格可以打印，经手签后通过二维码导入系统仍可与原三检表进行关联。监理单位验评时，系统自动推送质量管控过程中涉及质量评定的部分，由监理单位录入质量的验评，完成质量的报审工作。在质量验收评定的过程中，可以追溯全部质量控制的记录。

3. 进度管控

（1）总进度计划管理。施工总进度计划分标段编制，由各标段施工单位计划负责专员将编制好的施工计划导入或编制到系统中去。经过施工单位、监理单位、业主单位三级审核后生成年度的施工总进度计划，同时自动地生成年度施工进度计划。

（2）年进度计划管理。该功能由施工单位根据上年度工程进展情况，参照总体施工计划进行当年的年度施工计划编制，编制完成后进行施工总进度计划的审批。系统支持对计划的导入，或基于总进度计划生成年进度计划后再进行手工调整。

（3）月进度计划管理。施工单位根据本标段实际情况（工程特点、工料机的配置、天气情况等因素）在每月固定日期（如 25 号，按项目管理办法确定）上报下月施工计划，填报完毕后报监理处进行审批，审批同意后再报业主审批。

（4）周进度计划管理。施工单位根据本标段实际情况（工程特点、工料机的配置、天气情况等因素）在每周工作会议时，根据本周工作情况，制定下周的工作计划。填报完毕后报监理处进行审批。审批同意后报业主审批。周进度计划是业主管理进度的基础之一。系统通过对周报的管理实现对周进度计划的管理。

（5）实际进度管理。平台提供实际进度录入的功能，通过对开仓申请、开仓时间及仓面工序进展的记录实现仓面工作实际进度跟踪。

（6）形象进度管理。利用实际进度数据进行三维展现，使用户了解工程进展的形象面貌。

4. 投资管控

（1）概算管理。概算管理包括对项目概算结构、年度投资计划的管理，是工程管理的基础，是投资控制的依据。系统通过概算导入、概算查询、概算调整、年度投资计划维护和统计等功能实现对概算的管理。

（2）合同管理。合同是规定各参与方权利义务的主要法律文件。项目的实施、结算和付款都应以合同为中心，合同的履行也是项目监控体系中的重要环节。系统通过对合同基本信息、变更索赔的过程与内容信息、月进度结算与竣工结算等计量支付等信息进行管理，使合同更好地发挥项目实施控制能力，而形成一个以合同为中心的项目成本跟踪体系。

5. 施工设计

（1）工程划分。工程划分是在系统中定义单位工程、分部工程、单元工程间逻辑关系的过程。工程划分结果将是整个智慧管控平台及各专项子系统正常运行的最核心基础的数据。工程划分经过审核后，可以单元工程或分部工程为最小载体，和 BIM 模型进行关联。在关联模型时，可同时浏览模型，系统自动根据名字模糊查找模型，可以定义模型的最佳视点等操作。本功能将模型和工程划分关联在一起。

（2）浇筑分区。浇筑分区是碾压混凝土施工过程中，根据入仓手段和施工设备，将大坝混凝土浇筑分成若干区域，再根据分区组织混凝土施工。浇筑分区由施工单位划定。系统主要管理浇筑分区的新增、编辑和删除等功能。

（3）分仓管理。大坝的建设是以浇筑仓为单元循环，连续上升。分仓管理包括仓面定义和设计。仓面定义是大坝建设管理中最基础也是至关重要的环节。在丰满大坝信息化管理中，仓面定义的数据在后面很多管理项中均要引用。仓面设计是对具体浇筑部位整个浇筑过程进行详细规划、以确保混凝土浇筑各工序正常、有序并保质实施的重要实施环节。其主要内容包括：仓面特性分析、质量技术要求、施工方法选择、资源配置、质量保证措施等。

（4）温控分区。碾压混凝土施工一般通仓浇筑。每一仓浇筑结束后，按照坝段进行切缝，一个浇筑仓可切成若干块，每一块就是一个温控仓。每一个温控仓都是混凝土温度控制的对象，需要完成温控仓的基础定义。

6. 资源管理

（1）人员管理。实现施工单位人员基本信息、身份信息、照片、个人资质信息的采集、审核和管理，为现场人员检查和处理问题、控制人员的进场和退场提供支撑。

（2）材料管理。实现施工现场物资信息的采集、审核、现场检查和管理。通过移动终端扫描物资包装的二维码，能够快速调阅该物资基本信息、合同信息等，实现快速的物资接收、移交及数量统计。材料到货前可使用通知功能通知试验检测单位、监理、施工单位，安排抽检等相关事宜，实现业务协同。

（3）施工机械管理。实现施工现场机械设备及其操作人员信息的采集、审核、现场检查和管理，支持机械设备的进场、退场及现场检查管理及数量统计。

（4）运料车辆监控。为了解决整个施工区运料车辆的全程监控，在提供具有全施工区

GIS 地图服务的基础上，实现对运料车辆实时位置的定位追踪、历史轨迹回放、空/满载和加水状态的动态监测，指定的路线区域监测管理、行车密度和运输趟程的自动监测预警和统计，卸料准确性、异常停车、停车超时、违规驾驶的监测预警等，从而实现监、管、控一体化。

7. BIM 管理

（1）BIM 数据中心。BIM 数据中心提供了 BIM 模型运行及自动生成的引擎。模型包括现场地理模型、施工平面布置模型、工程实体等。为了提高工程施工过程中单元工程模型调整的效率，系统提供了模型自动切分功能，以及基于工程模型的三维几何数据。系统还提供了自动计算工程量的功能。

（2）BIM 管理中心。BIM 管理中心主要实现了针对 BIM 模型的导入、管理，将 BIM 分组树与工程划分对应，使模型与单元工程相关联，实现模型与业务数据的挂接。

（3）BIM 应用中心。BIM 应用中心是整个工程模型及业务数据的展示平台，以三维 BIM 模型为载体，实现对工程竣工全景可视化，工程施工过程的质量可视化、进度可视化、安全监控可视化，工程档案可视化的功能。

8. 知识管理

（1）知识分类。将所需要管理的各类标准文件、技术文档等知识进行分类管理，形成知识结构树，并且支持对知识树形结构的调整维护。

（2）标准库管理。为了实现标准、规范与工程施工过程及工序的紧密结合，将标准按照工程项目、标段工程、专项工程、单位工程、分部工程、分项/单元工程、工序、原材料等进行分类管理，并支持将三检及验评表单进行结构化，实现业务过程标准化。

（3）技术文档管理。该功能对工程建设过程中的标准文件、新发明、新专利、QC 成果、新工法等新技术进行登记管理。建立施工技术信息化管理体系，从技术实施的源头抓起，以提高工程施工安全和质量。

（4）知识检索。基于标准分类、技术文档分类提供标准、规范、技术文档的导航功能。基于标准分类、技术文档分类、文档名称、关键字、正文内容提供查询与全文检索功能。

9. 智能培训

（1）培训计划。对培训计划制定、维护、通知进行支撑，提供对培训主题、培训目标、课题内容、培训讲师、培训时间、培训地点等信息的管理。

（2）施工作业指导。对施工作业场景建立三维模型，将施工作业规范操作流程内置于三维场景中。学员通过播放三维场景并与其进行交互，可直观学习正确的施工作业操作流程。

（3）典型施工工艺。对施工作业场景建立三维模型，将正确的施工工艺内置于三维场景中。学员通过播放三维场景并与其进行交互，可直观学习正确的施工工艺。

（4）培训评价。学员在学习完成后，可在三维施工作业场景中进行模拟操作。系统可记录下学习的操作过程，并与正确的操作进行比对，从而对学员学习效果进行评价。系统还可通过记录学员的学习过程及时长，根据规则对学习过程进行评价。

10. 数字资产管理

(1) 设备管理。对安装阶段的设备基本信息、管理信息进行跟踪管理。记录设备的移交过程，形成设备安装阶段的档案信息。

(2) 工程资料管理。对接生产运行期资产管理需要，参考水电工程资产分类编码相关规范，将建设期形成的各种资产进行分类和编码。通过将工程建设过程中的管理对象与资产进行关联，实现将资产相关建设期文档完整归集和分类，达到在生产运行期时移交资产的目的。

(四) 应用支撑平台

1. 水电工程集成服务总线

水电工程集成包括服务总线、流程管理和服务监控三个部分。

(1) 服务总线实现各种接口的接入、服务注册、路由、调用等功能。

(2) 流程管理实现服务的编排与管理。

(3) 服务监控对服务访问权限、服务传输过程进行监控，保障服务传输过程安全。

通过水电工程集成服务总线实现基于 SOA 的平台架构。

2. 门户平台

门户平台支持内容管理工具基本的站点管理、内容采集、内容处理、内容审核、内容发布、模板管理、流程审核等基本功能外，实现单点登录、内容聚合、个性化定制等功能。

3. 应用中间件

应用中间件即 Web 应用服务器软件，是 Web 应用程序运行的环境平台。中间件应支持 Linux、Unix、Windows 等多种平台；支持多种数据库，如 Oracle、MS SQL Server、DB2、Informix、Sybase 等，并对数据库的访问效率提供优化；支持超文本传输协议 (HyperText Transfer Protocol，简称 HTTP)、可扩展标记语言 (Extensible Markup Language，简称 XML)、轻量目录访问协议 (Lightweight Directory Access Protocol，简称 LDAP)、Web Service 等多种开放性标准。

4. 三维可视化

三维可视化引擎实现 BIM 模型导入、模型版本、光照、模型版本管理问题等。通过 BIM 中心，建立工程 1∶1 的精细模型，实现工程管理对象的可视。基于引擎实现管理数据与模型数据的连接，驱动各种人机交互。

5. 大数据智能分析

大数据智能分析包括联机分析处理、数据挖掘等分析工具，支持数据集市的建立，支持常用的数据分析挖掘算法。

6. 工作流管理

通过工作流引擎实现工作流管理。工作流引擎应满足工作流标准组织 (Workflow Management Coalition，简称 WFMC) 制定的相关标准，能够基于可视化的界面对流程进行定义和配置；通过引擎驱动业务流程的自动流转，对流程进行跟踪，从而构建灵活、规范、统一的管理流程。

7. 地理信息系统

地理信息系统（GIS）是一种基于计算机的工具，它可以对空间信息进行分析和处理。GIS 技术把地图的视觉化效果和地理分析功能与一般的数据库操作（如查询和统计分析等）集成在一起。GIS 提供基于地图的位置、路径、范围等地理信息的业务信息展示和互操作功能。

8. 报表工具

报表工具主要用来支撑综合报表的制作、发布和管理，也可使用其提供的 API 来进行功能的扩展。提供可视化的报表设计功能；支持连接到多种主流数据库；支持各种常见的格式，包括表格、直方图、饼状图等多种格式的图表；支持多种统计方式；能以 Web 方式发布报表；提供报表导出功能；提供程序开发接口，支持可编程报表的生成。

第四章

丰满智慧管控平台功能方案

第一节 标 准 管 理

一、概述

标准化工作是企业推动技术进步、保证安全、提高产品质量、工程质量、服务质量的基础，是企业提高经济效益的有效措施，更是企业内部法制化管理的重要手段。国家为加强水电工程标准化建设，经过多年的修改、完善基本上建立了覆盖所有水电施工工艺的标准化规范。水电工程信息化一方面从业务流程上要符合企业的管理制度；另一方面建立的业务流程必须遵循国家、行业相关施工标准。因此对施工行业标准管理进行研究，完善建筑业行业与企业信息化标准体系和相关的信息化标准，推动信息资源整合，提高信息综合利用，解决标准规范零散、查阅不便的问题，用户可快速搜索查阅相应标准规范，提高工作效率和规范化的管理水平。

二、总体技术架构

丰满智慧管控一体化平台系统结构中标准管理总体技术架构如图4-1所示。

三、功能结构及说明

标准管理功能结构如图4-2所示。

（一）标准分类

标准管理分为管理标准和技术标准。管理标准包括法律、行政法规、部门规章、地方法规、规范性文件等政府要求，和国网通用制度、新源公司管理手册、丰满建设局执行手册、文件通知等企业管理制度。技术标准涵盖了国家标准，能源、电力、水利、建筑、交通、安全、档案等行业标准，和国网、新源公司的企业标准。施工标准与施工类型及工序相结合，施工标准分类一般包括：工程项目、标段工程、专项工程、单位工程、分部工

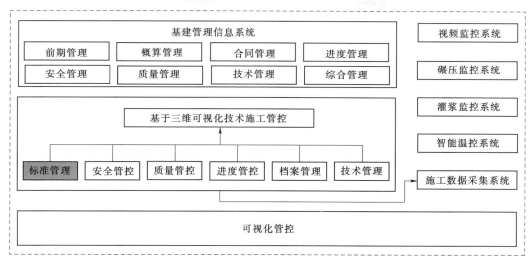

图 4 - 1 标准管理总体技术架构

程、分项/单元工程、工序、原材料标准等。其中，单元工程作业包括（岩石边坡开挖、现浇钢筋混凝土、锚喷支护、洞室开挖、竖井开挖、固结灌浆、回填灌浆等）百余种单元工程作业类型标准。定期对标准库进行更新维护。

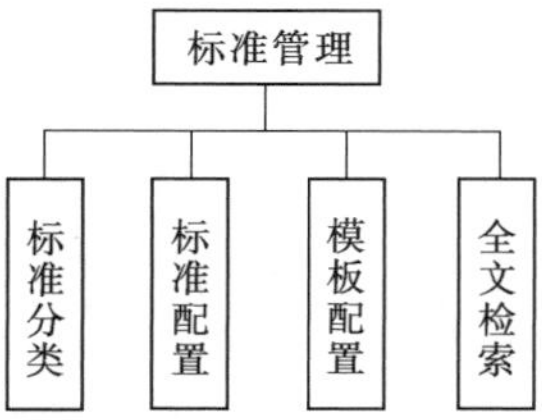

（二）标准配置

1. 施工质量标准规范库

整理和收集丰满工程中适用的质量管理标准和规范，依托施工工程划分，建立基于标段、单位工程、分部工程、

图 4 - 2 标准管理功能结构图

分部分组（水电工程不设立分项工程层级）、单元工程的分级管理体系。结合丰满工程施工中使用的管理标准及国家对具体施工作业所制定的验收检查规范建立施工作业指导模板，形成基于标准的施工控制指导模板（标准工序验评表）；根据单元施工类型的不同，根据管理规范建立不同施工类型的管理项，并在具体管理项上配置对应的施工作业模板，提供给施工管理使用。

2. 施工质量管理

整理施工标准的目的是按照施工管理业务建立适应业务管理的业务功能，系统中按照施工质量管理阶段，分为质量策划、管控、评价三个主要步骤。

质量策划是根据工程划分，建立施工控制单元，依托建立的标准控制库，为具体的施工单元管理预设管理内容项（即管理控制点）。在施工策划完成后，管理人员可以从系统中查看到标准库中预置的完成本单元施工的工序步骤、每个工序所需的管理模板及管理依据。

管控是在施工单元开工后进行质量管理的过程，用户可以在策划过的单元工程上进行质量管理信息的录入，也可以将管理过程中的信息直接上传，达到质量管理信息资料收集的目的。

通过相关配置功能及作业管理表单结构化功能，系统将施工作业表单中的具体控制指标内置在系统中，并按标准实现各配置项数据的检查、判断，按照质量管理标准自动形成施工作业的评价。

（三）模板配置

实现对控制点模板文件配置管理，对模板中主要关键指标信息进行二次技术处理，实现系统自动生成有关指标数据到模板中，为现场施工带来方便。

（四）全文检索

基于标准分类、技术文档分类提供标准规范、技术文档的导航功能，基于标准分类、技术文档分类、文档名称、关键字、正文内容提供查询与全文检索功能。用户可快速搜索相应标准规范，进行下载查看，提高了工作效率和标准化的管理水平。

四、硬件

无硬件。

五、关键技术及原理

标准预制技术，是智慧丰满核心关键技术应用之一。标准预制依托于管理标准建设，通过将施工管理中各管理业务标准内置在管理系统中，通过系统各项管理功能，实现施工管理标准的应用，促进业务管理过程的标准化建设。同时通过将相关管理业务指标在系统中的内置，可以实现对关键业务数据的结构化，并能通过业务数据与标准指标的对比，实现业务管理信息的智能比对、判断、预警，为业务管理智能化提供良好的技术服务。

标准预制从功能应用角度分为两大部分：管理制度标准的预制、管理技术标准的预制。标准预制在施工管理中的应用见图4-3。

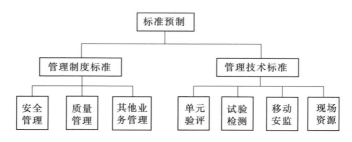

图4-3 标准预制在施工管理中的应用

（一）管理制度标准的预置

管理制度标准的预制主要是进行施工管理内容的初始化。一般情况下施工管理中各项活动需要遵循国家、行业、企业相关的标准及规定。通过对管理业务相关使用管理流程、管理内容的整理，按照施工管理业务类型，建立施工管理业务管理项，并在管理项上建立管理业务要求、提供标准管理业务模板；或者建立相应的业务信息结构化处理功能，从而完成施工业务标准的建设。

在实际业务管理时，通过业务管理功能，实现对业务标准的引用，自动形成对应类型业务的预定义管理活动内容，并提供业务活动处理的相关要求的提示、处理、判断，或者相关管理模板的下载、回传等操作，从而实现业务管理的过程的标准化，管理信息内容的标准化，从而实现施工管理的规范、自动、智能。

（二）管理技术标准的预置

管理技术标准的预制主要是对通过业务管理项相关要求的配置，进行业务内容的符合性判定或评价。在具体的施工业务中，往往对业务的具体执行建立有相关具体的执行标准，比如施工质量管理中工序验评的检测条目的执行标准、试验检测中试验结果的标准值，对于此类业务管理中的具体执行标准，系统在标准库中也可以进行定义维护，并在业务管理的相应功能中（如试验结果符合性判断）加以引用、利用。管理技术标准的预置应用体现在各相关业务管理功能的数据采集及统计中。

第二节 施 工 安 全 管 控

安全是工程项目的基本性能要求之一。对安全的管控应贯穿于工程项目管理的全过程，是为实现安全目标而进行的有关决策、计划、组织和控制等方面的活动；应当运用现代安全管理原理、方法和手段，分析和研究各种不安全因素，从技术上、组织上和管理上采取有力的措施，解决和消除各种不安全因素，防止事故的发生。

施工安全管控系统建立了一整套完整的安全管理体系，实现对年度安全策划、安全管理目标的分解、安全设计移交、安全教育培训、施工过程安全监控、安全检查与安全考评全过程信息化管理，具有建设人员定位、统一视频监控、门禁管理等安全监控专业系统，并利用移动互联网技术和物联网技术实现移动安监。

丰满智慧管控一体化平台系统结构中安全管控总体技术架构如图4-4所示。

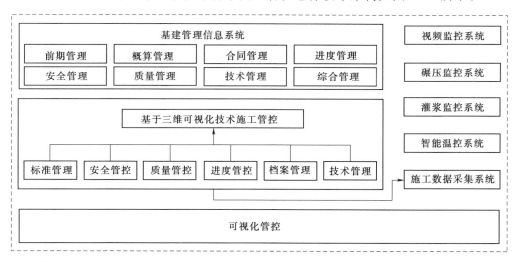

图4-4 安全管控总体技术架构

一、风险管控

（一）概述

工程项目施工阶段的安全管理包括施工安全策划、编制施工安全计划、安全计划的实施、安全检查、安全计划验证与持续改进，直到工程竣工交付。安全管控的核心是对项目安全风险的管理。通过风险管理确保风险管理的程度、类型和可见度，并为风险管理安排充足的资源和时间。

（二）总体技术架构

风险管控系统总体技术架构主要包括如下两方面。

（1）危险源辨识与提醒。通过建立危险源信息库，根据施工部位作业类型提供危险点及控制措施库，涵盖施工过程中可能遇到的危险点及控制措施，辅助管理人员从中选择项目相关的危险点及控制措施，构建项目的安全管理体系，以便施工人员预先进行分析，按规定安全施工，避免发生事故。

（2）危险源管理。实现将安全计划与施工进度计划进行关联，系统能够根据施工进度自动提示即将施工部位的危险源信息。

（三）功能结构及说明

危险源辨识包括安全风险的识别、评估、预控措施管理，是安全策划的重要内容，是后续安全监督的基础。识别危险源是一个反复进行的过程，应采用统一的格式对风险进行描述，并对风险事件的影响进行横向对比。危险源辨识的过程需要对已识别的危险源进行尽可能详细的描述，并对可以识别危险源的潜在应对措施进行记录。

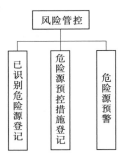

图 4-5 风险管控功能结构图

系统中可以建立树形的危险源辨识信息，形成统一的危险源档案，并与单元工程进行关联，为管理人员和现场人员提供基于工程三维模型的危险源查询功能，通过与施工进度及质量管理相结合，对在建工程施工进行预警和提示。风险管控功能结构见图 4-5。

（1）已识别危险源登记。树状方式记录各单位开工报审中上报的已识别危险源识别信息，并记录危险源的评价及风险等级。

（2）危险源预控措施登记。针对已识别出的危险源项，登记相关预防控制措施，并对危险源的预控处理进行登记跟踪。

（3）危险源预警。有了施工进度计划就有了安全计划。系统能够根据施工进度，对即将开工和在建项目按照施工类型的不同进行危险源信息的提醒，并可查看相应预控防护措施。

（四）关键技术及原理

安全生产重在预防，确定、识别重大安全环境因素在建立安全环保管理体系中是一个极为重要的环节。将这些因素分析出来，确定产生的影响，识别和评估重大危害因素和环境因素，提出控制的措施并付诸实施，将为减少和消除工程项目实施过程中安全危害，逐步消除污染，实现清洁生产和施工奠定重要基础。

在识别出安全风险后，再定义安全风险可能在哪些具体的作业中发生，将安全风险加载至具体的施工作业或工作分解结构（Work Breakdown Structure，简称 WBS）中。这样依据进度计划即可生成相对应的安全生产管理计划，在进行生产时可以依据不同类型的安全风险进行安全的交底工作，为工人配备相应的安全防护用品。

施工过程中安全管理的重点在于安全的检查和监督，保证所指定的安全防护措施确实到位，安全防护用品配置齐全，确保安全生产。对安全检查中出现的问题或者发生的安全事故进行记录，并跟踪整改过程，形成 PDCA 的闭环处理，真正确保项目建设的安全生产。

安全风险能够和施工作业进度计划相关联，对即将开工的和在建的项目按照施工类型的不同进行危险源信息的提醒，并显示相应预控防护措施。方便施工前安全交底，也方便了监管人员及时安排安全检查，确认预防措施的落实情况。

二、施工视频监控

（一）概述

视频监控系统由视频采集前端（高速摄像球机），视频传输网络和监控中心系统组成。

1. 高速摄像球机

施工现场视频监控系统高速摄像球机采用一体式机芯与高亮红外灯设计，能实现真正的无死角高速实时监控。

2. 视频传输网络

视频监控传输网络采用 Aruba 公司 MSR 2000 设备承载的无线 MESH 网络。传输网络针对视频传输进行了特殊优化，支持视频优化 AVT 技术，能为视频流量提供优化与优先级排序，减少包丢失（Packet Loss）和抖动，显著改善视频质量。AVT 能辨识每秒 30 个视频画面，是多重跳频传送高清视像的关键功能。Aruba 公司的 MobileMatrix™ 技术能在 50ms 内与 MESH 路由器之间转换连接，从而提供稳定的漫游服务。

3. 监控中心系统

施工现场视频监控系统由图像编码器（也称为前端）、图像监控流媒体服务器和客户端监控软件组成。图像编码器将实时采集的图像经压缩编码后，通过 MESH 网络发送到流媒体服务器，客户端监控软件登录图像服务器站点，实现实时图像浏览、监控、视频分析等功能。视频浏览支持电脑端、手机终端等设备。监控中心采用开放标准，支持与原有视频系统实现对接，从而实现视频资源的统一管理、控制、运行维护，降低运行维护成本。

全面治理（重建）工程共部署 25 个高清网络球形摄像头，包含原大坝上的 20 个点位和新大坝的 5 个点位，实现对大坝施工情况的全面监控。

（二）总体技术架构

视频监控系统能够把施工现场画面通过网络技术传到办公管理区域，施工管理人员能够通过实时监控信息对现场施工进行了解和掌握，然后根据施工进度和施工质量对施工过程进行有效控制和管理。这种信息化、可视化、实时化的方式能够提高施工现场的施工质量和施工速度。视频监控总体技术架构如图 4-6 所示。

（三）功能结构及说明

视频监控功能结构如图 4-7 所示。

（1）远程监控：可在任何时间、从任何地点、对任何现场进行实时监控。

（2）录像查询：系统可以实现本地或远程的录像存储及录像查询和回放。

（3）高质量图像：可随时提供摄像、录像实时高清图片影像资料，也可对当前录像进行实时截图的图像资料处理。

前端系统

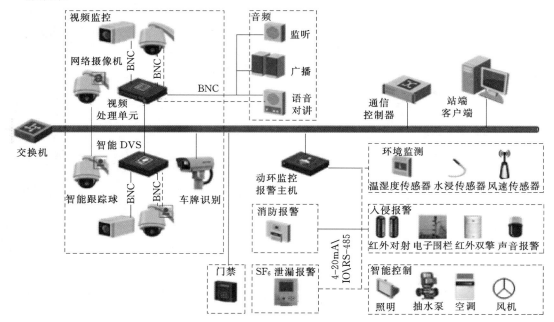

图 4-6　视频监控总体技术架构

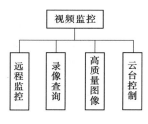

图 4-7　视频监控
功能结构图

（4）云台控制：视频传输网络采用无线 MESH 技术，通过动态组网，可对任意摄像头的位置、角度、焦距、变光等图像数据进行处理，提高视频成像效果满足视频应用的最大用途。

（四）硬件

1. 前端系统

（1）摄像机。前端摄像机的监控范围大小、视频采集质量将影响整个视频监控系统的质量，系统设计时应根据现场监控需求，选择合适的产品，保障视频监控的效果。根据丰满大坝实际情况及对视频要求最终前端摄像头定型为海康威视 DS-2DF7286-A。

（2）监控点配套。摄像机应根据所需监控的范围、角度、场景以及现场条件来选择安装方法。出于安全因素及施工条件考虑，以支架安装为主。

对于采光条件比较差的场所，以及夜晚低照度环境下的监控需要，为了保障监控质量，需要在监控点配置补光灯，在监控现场环境及设备时开启周围的灯光。

2. 中心系统

中心系统主要由服务器管理系统、存储系统、解码系统、控制系统、显示系统等组成。

（1）服务器管理系统。服务器统一采用 PC 服务器；服务器应具备多 CPU 系统、高带宽系统总线、I/O 总线，具有高速运算和联机事务处理（On-Line Transaction Processing，简称 OLTP）能力，具备集群技术和系统容错能力；服务器应支持双路独立电源输入，采用机架式安装。因此选用了 HP ProLiant DL388p Gen8 （734020－AA1）服务器可满足要求。

平台主要有以下服务器：中心管理服务器、流媒体服务器、接入/报警服务器、级联服务器等。其他软件模块可安装在这些服务器上实现功能。

（2）工作站。监控工作站负责对平台所辖区域的实时预览、录像回放、环境量呈现、报警管理及视频、报警等系统信息的获取和控制。

海康威视客户/服务器（Client/Service，简称 C/S）控制客户端专门用于对平台视频、环境量、报警的调阅，对设备进行操作、控制，满足控制客户端的要求。

（3）存储系统。根据项目要求，48 盘位配置 4 组磁盘阵列（Redundant Arrays of Independent Drives，简称 RAID）和 3 片热备盘（12＋11＋11＋11＋3），3 台 DS－A1048R，配置 48 片 3TB 企业级 SATA II 硬盘，设备配置 4 组 RAID5，另配置 1 片热备盘，考虑到 RAID、热备盘和 5% 的空间格式化损失，该配置可以提供的有效容量为：[48－（2＋1）×3 台]×2793×0.95/1024＝350（TB）。

（五）关键技术及原理

为满足对施工场地的安全和管理需求，建立施工视频监控系统。采用先进的计算机网络通信技术、视频数字压缩处理技术、视频监控技术和安全监测技术，实现丰满重建工程施工区域全覆盖，系统的主要功能如下。

（1）实时监控：采用现代高品质摄像机，具有防尘、防水等功能特性。实时获得监控区域内清晰的监控图像，并通过摄像机满足不同区域监控点的监控需求，实现 24 小时不间断监控。同时可以对带云台设备进行云台操作，对视角、方位、焦距的调整，实现全方位、多视角、无盲区、全天候式监控。

（2）录像存储：系统前端支持分布存储和中心集中存储两种模式，前端的视音频信号接入视频处理单元存储数据，达到前端分布存储的需要，以供事后调查取证；也可部署网络存储设备，适合大容量多通道并发的中心集中存储需求。在该方案中采用中心集中存储的形式部署。

三、移动安监

（一）概述

近年来，随着互联网技术在中国的快速发展，如何利用互联网平台和信息通信技术，加快推动互联网的创新成果与各行各业进行深度融合和创新发展，充分发挥"互联网＋"对促改革、防风险的作用成为了新的课题。在水利水电工程建设中，由于施工现场地处偏僻、环境复杂，信息传递缓慢，不能及时、动态地处理应急事件，不利于施工现场的安全管理工作。如何能够实现提前预警，现场实时移动管理，以达到更有效地减少违章作业的发生，保证工程施工安全，"互联网＋移动安监智能化管理系统"的推广与应用就显得愈发迫切和必要。鼓励水利水电工程建设等各行各业树立互联网思维，积极与"互联网＋"相结合，具有广阔的发展前景和无限潜力，已成为不可阻挡的时代潮流。推广应用"互联网＋移动安监智能化管理系统"有利于促进互联网应用创新、激发创新活力，对加快推进安全生产标准化体系建设具有重要意义。

（二）总体架构

系统从业务应用角度分为两个部分：一个为基于 Android 移动终端的 C/S 结构 APP 应用；另一个为基于 Web 方式的浏览器/服务器（Browser/Service，简称 B/S）结构网络服务。业务应用分别通过不同的访问介质访问相应的服务内容。服务内容由 APP 服务器和 Web 应用服务器去提供，需要的数据内容服务通过对象关系映射（Object Relational Mapping，简称 ORM）层传递到数据存储层，数据存储层也负责将数据进行数据和对象的转换，便于程序使用面向对象的方式进行数据操作。移动安监总体架构如图 4-8 所示。

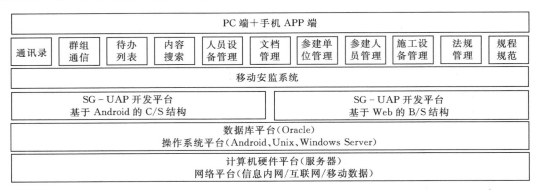

图 4-8 移动安监总体架构

（三）功能结构及说明

移动安监系统为实现对现场人员及施工设备的精细化管理、增强现场施工的有效沟通、利用移动互联网技术和物联网技术实现安全管理标准化而建立的一套基于 Android 及 Web 应用的管理系统。

基建智慧管控平台移动安监通过移动 APP 及 Android 服务端为现场管理提供全面支撑。

结合公司电站建设具体工作要求及沟通管理的重点和难点，系统在施工安全管控上，具体实现如下功能。移动安监功能结构如图 4-9 所示。

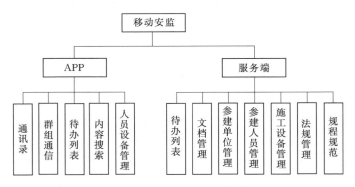

图 4-9 移动安监功能结构图

1. APP 功能

（1）通讯录功能。该功能对各单位通讯录进行新增、修改、删除等维护。根据用户权限，查看相关人员通讯录查询。

（2）群组通信。通过该功能可以添加不同的群，每个群可以增加群成员，同群成员之间可以在群里发送文字、图片、视频、语音，可以发送通知、公告，也可以曝光违章行为。同时，管理上的亮点也可以在此进行表扬和推广。极大地提升了部门间、企业间协同办公的能力，提高了办公效率。

（3）待办列表。个人工作台、和本人相关的待办工作都列在待办列表中，使使用者可以清晰地了解到还有哪些工作需要处理。

（4）内容搜索。通过关键字搜索等功能快速定位需要查询的内容，可支持模糊搜索。

（5）人员及设备管理。系统中可以模糊和精确进行人员和设备的查找，方便查看相关人员及设备的详细信息，也可以通过二维码扫描快速查找相关人员或设备信息，方便管理人员进行信息的管理及核实。

2．服务端功能

（1）待办任务的查寻办理。个人工作台，与个人相关的待办任务列表，用户可查看、快速办理相应的任务。

（2）文档管理。支持文档快速上传窗口，可快速管理多分类下的文档文件。各参建单位及个人均可下载查阅。

（3）参建单位管理。统一管理参建单位的基本信息。该功能实现对施工单位、监理单位参建单位基本信息的管理。

（4）参建人员管理。统一管理参建单位人员，涉及人员的工种、是否为管理人员等，包含参建单位内人员的详细信息、培训信息、相关资质等信息，并可在通讯录内进行人员查询。

（5）施工设备管理。统一管理参建单位施工设备信息，包括施工设备是否进场、是否为特种设备等内容。

（6）法规管理。对安监相关的法规文件通过本功能录入到系统中，相关人员可随时进行查询。

（7）规程规范的分类管理。由于安全规程规范相关文件内容繁杂，格式不一，需要根据不同的安全规程对应的文件类型（PDF/Word/Excel）逐一进行分类管理。该功能包括如下几方面。

1）安全规程分类设置：设置安全规程的分类。

2）安全规程管理：安全规程导入或者编辑、查看。

3）安全规程监察依据设置：安全规程监察依据编辑。

对安监相关的法规文件通过本功能录入到系统中，相关人员可随时进行查询。

（四）硬件

整个系统由五部分组成，包括前端数据采集部分、数据传输部分、后端数据处理部分、控制部分、存储部分。

1．前端数据采集部分

前端数据采集部分主要由移动设备，同时包括固定摄像头、解码器等组成，主要用于对公共区域、重点区域进行固定摄像或移动摄像，并将视频信号传送到后端进行处理；同时通过软件控制系统对视频信号进行分析整理。

前端数据采集部分根据丰满大坝复杂的地理环境，结合现场已布置完成的监控点位，结合不同的施工环境，选配了多种移动摄像设备作为移动安监的现场拍摄设备，同时充分考虑了每个具体型号产品与环境的适用性，为求将设计核心贯穿于用户需求中。

由于施工现场环境复杂，粉尘较大，所有采集设备均选用满足工业三防标准的设备，坚固耐用，采用开放式的系统，易于维护和管理，同时对于后期的开发也提供了诸多的便利接口。

2. 数据传输部分

数据传输部分由分布在整个丰满大坝施工区域的无线网络组成，用于将前端信号传至后端，并为前端设备提供无缝链接网络。整个丰满大坝的无缝覆盖均采用了 Aruba 的 MSR 4000/2000 室外型无线路由器，最大可提供 4 个载频（Radio），每个 Radio 300M 物理层带宽，并可以灵活分配，使各个载频工作在 2.4GHz 和 5.0GHz 频段和不同信道。

网络架构方面采用三层无线网状网架构的厂家，将有线网络中普遍应用的 IP 骨干路由技术引入到无线网状网构架中。3 层网络架构，对于需要高带宽，稳定视频监控信号传输的企业用户，是最好的选择。

无线网络具有快速自愈能力，如果最近的设备由于流量过大而导致拥塞或无线链路故障，那么可使数据自动通信流量较小的邻近节点进行传输。

3. 后端数据处理部分

后端数据处理部分由业务应用服务器、维护终端等组成，主要用于对视频数据、文字数据、图片数据等相关内容进行分类整理调度查询，以及对操作员分级管理等操作。

4. 存储部分

存储部分主要由图片视频服务器、数据库服务器、数据库备份服务器、语音留言服务器等组成，主要用于对移动安监过程中产生的相关视频图片信息进行存储及备份等操作。

（五）关键技术及原理

移动安监智能管理平台，融合了物联网技术、MESH 无线网络技术、智能移动终端、VPN、数据库同步、身份认证及 Web Service 等多种移动通信、信息处理和计算机网络的最新最前沿的技术，以专网和无线通信技术为依托，使得系统的安全性和交互能力有了极大的提高，为用户提供了一种安全、快速的现代化移动安监机制。

1. 实现施工现场检查与整改的闭环流程管理

在规范施工现场检查整改管理业务的基础上，从检查任务的管理、现场检查、问题整改、问题关闭到统计分析等环节建立闭环管理流程，实现对检查表格、检查项目、管理流程、表单的固化，满足施工现场管理要求，满足决策层、管理层、操作层相关人员的工作需求。

2. 实现安监管理信息化向施工现场的延伸

移动终端设备应用 APP，通过与后台服务端系统进行接口集成，在移动端实现施工现场检查、问题整改、工作日志、统计分析等功能，开展检查的同时可进行拍照，并能通过 WIFI 无线局域网同步数据到后端服务系统。

四、人员定位管理

（一）概述

施工区人员定位系统建设目标，是通过对施工人员轨迹的实时获知、违章时段和具体人员的实时分析、施工考勤的自动统计和信息智能发布的精准管控，做到对施工人员的实时信息及安全作业情况进行跟踪。

及时反映施工现场情况、强化工人安全防范级别、加强安全保障措施，部署物联设备及配套集成平台软件，实时定位人员信息及时反映工人救助行为，实现自动化监管设施联合动作，提高应急响应速度和事件的处置速度，有效提高施工现场的管理水平和管理效率，同时为施工现场信息化管理提供可参考的大数据信息，便于现场合理分配资源，为工人提供更加安全的工作环境。

（二）总体技术架构

通过将 GPS 人员定位系统与业务进行融合，实现人员实时位置定位及跟踪、考勤、定位轨迹、紧急情况报警、危险区域预警、地理围栏等功能。整个系统的核心是定位数据从感知设备 GPS 将位置信号通过网络传递给定位系统，通过应用层展现给使用人员。人员定位系统总体技术架构如图 4-10 所示。

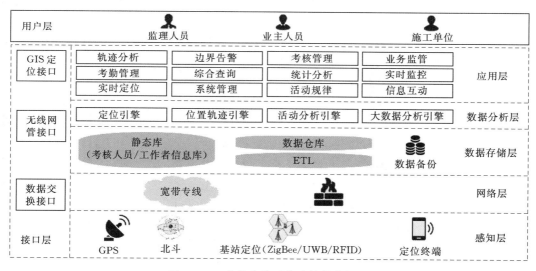

图 4-10　人员定位系统总体技术架构

在系统设计实施过程中，总体架构采用多层体系结构。针对系统的数据来源对应不同的物联网感知设备，采集的信息数据通过网络传递到数据层；数据资源层通过构建信息综合数据仓库，实现了包括结构化数据和非结构化数据在内的业务数据的统一，形成一份层次清晰、结构完整的统一数据资源目录，为数据分析与研究奠定基础，同时数据分析层为各项具体业务应用提供基础支撑和技术保障。

业务应用层实现系统与业主人员、监理人员、施工单位的交互应用，按照其业务功能要求的形式进行建设，保证系统的安全性和准确性，全面考虑运行效率的性能优化和用户的在线体验，确保业务集成架构的可扩展性、可维护性及耦合性。

（三）功能结构及说明

人员定位系统方案设计总体采用 GPS、无线技术、计算机通信技术、数据加密技术等多种尖端高新领域技术建立多功能的人员定位系统，既具有定位功能又有基于位置数据的服务功能，系统建成后拥有统一的管理平台和数据库，为管理决策提供最翔实的基础数据，是施工现场智能管控系统通过信息技术提升管理能力的重要平台。人员定位功能结构如图 4-11 所示。

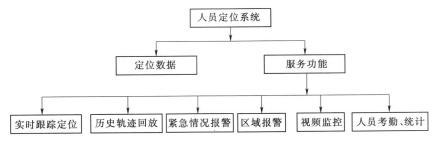

图 4-11　人员定位功能结构图

主要功能包括：人员实时位置定位、跟踪、历史轨迹回放、紧急情况报警、特殊区域预警（电子围栏）等。

（1）实时跟踪定位：现场人员随身携带的定位识别卡，会实时向管理平台发送位置信息，加强对作业区人员位置的实时管控。

（2）历史轨迹回放：可查看某个人员在某个时间段内的活动轨迹。

（3）紧急情况报警：当现场员工遇到紧急情况时，可按下随身携带的定位识别卡上的报警按钮，系统会将人员报警信息第一时间发送到控制中心，并通过手机短信形式发送给部门负责人及安保人员，及时前往报警地点进行救助。

（4）区域报警（电子围栏）：可划定特殊区域，人员在进入、离开、滞留时间过久等情况下，都会提前发送警报给控制中心，提前做出处理。

（5）视频监控：系统接口支持主流监控视频品牌，系统接收到现场报警后，可直接查看报警器位置附近的监控信息，及时掌握事发地点状况，做出下一步工作批示。

（6）人员考勤、统计：通过系统设定考勤范围与位置识别卡范围进行比对显示人员确切的进入时间和离开时间，并根据工种（规定足班时间），系统自动判断不同类别的人员是否足班、确定考勤时间，同时根据人员进入时间、离开时间、持续时间形成日统计报表及月统计报表便于考核统计。

（四）硬件

1.防爆型通信网关

防爆型通信网关是基于 IEEE802.15.4 协议开发的一款产品，采用 ARM407 中央处理器，12V 外围供电电路，无线数据收发模块，有源以太网（Power Over Ethenet，简称 POE）供电扩展通道，防爆等级：ExdIICT4/ExTD A21IP65T 80℃；无线频率：

2.4GHz；识别角度：全向型；数据接口：RJ45 或通用分组无线服务（General Palket Radio Service，简称 GPRS）；发射功率：25dbm；单基站同时识别 250 张，单点通信 100～200m。

2. 防爆型微基站

防爆型微基站室内基站是一种具有强大的网络传输能力和负载能力的新型定位产品，采用高性能的无线传输模块，工作稳定，抗干扰能力强，传输距离远，采用 12V 工作电压，TCP/IP 2.4G 无线通信方式，－94dbm 接收灵敏度，内置 SMA（一种新型的沥青混合料结构）天线。

3. 定位识别卡

佩戴式识别卡，识别距离 0～150m，LED 指示灯（1 个，运行状态，报警提示），识别方式内置全向天线，工作频段 2.4G 无线，电池续航 1.5 年。

（五）关键技术及原理

随着智慧管控技术的发展，基于定位技术的施工现场人员及安全问题管理系统在项目中越来越多的得到应用，Bluetooth（蓝牙）、WIFI、GPS、无线载波通信技术（Ultra Wide Band，简称 UWB）、ZigBee（也称紫蜂，是一种低速短距离传输的无线网上协议）、RFID 等诸多定位技术被应用于工程实践当中。在水电建设领域，以使用 ZigBee，UWB，GPS 三种定位方式居多。

丰满重建主体工程为重力坝坝体施工，现场施工工序交错、人员车辆进出频繁，采用 ZigBee、UWB 方式进行定位，由于基站架设位置原因，车辆和相关现场构件的遮挡会造成定位精度的显著下降，难以保证人员位置管控持续有效地进行，而基于卫星定位的 GPS 定位系统由于定位信号基与卫星发射，在施工过程中受遮挡情况较少，定位精度及稳定性可以满足项目需求，因此项目选用 GPS 定位方式实现人员及车辆定位。

五、智能培训

（一）概述

智能培训采用增强现实技术，可以让企业培训达到更好的效果，特别对于复杂的工程施工时，当施工人员开始执行复杂的工艺操作时，增强现实技术能提供很多背景补充信息和操作流程指导。在施工过程中也会经常碰到类似场景，那就是当执行一项工作任务时候，虽然可能以前学习过相关基础知识，但真正在实际应用时，却忘了某个步骤，或者不大确定操作顺序，这时需要找出操作手册或者是问问身旁同事是否知道该怎么做，但万一没有合适的人可以询问，那该怎么办呢？想象一下，如果你拿出手机或平板电脑，通过增强现实培训应用拍摄当前的施工部位，就可以快速调取所需动态的施工作业指导，教你一步步如何进行后续的操作。

为满足现场施工培训及作业指导需要，采用增强现实技术开发智能培训系统，能够实现典型施工工艺培训及现场施工作业指导。

（二）总体技术架构

智能培训总体技术架构如图 4－12 所示。

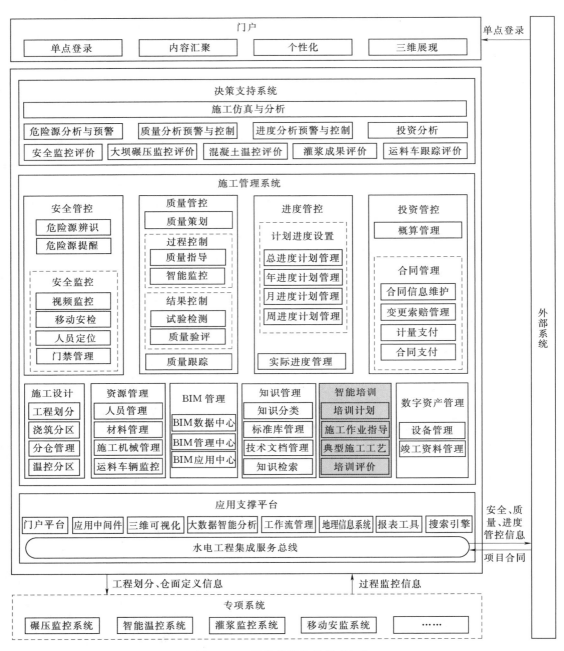

图 4-12 智能培训总体技术架构

（三）功能结构及说明

智能培训功能结构如图 4-13 所示。

1. 培训计划制定

由于采用基于增强现实技术开发智能培训系统，与传统的培训方式差别较大，这种新型的培训方式更侧重于在施工现场的培训，有很强的针对性，能够达到好的培训效果。根据不同的工程施工专业人员制定对应的培训计划，具体的培训内容主要为典型施工工艺培训和现场施工作业指导。

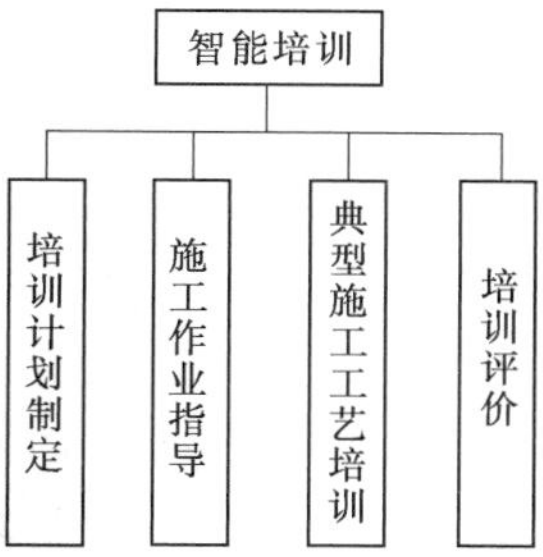

2. 施工作业指导

在施工现场，通过安装增强现实应用的手机或平板电脑，提供对施工过程的提示及指导，施工作业指导将虚拟的施工过程叠加在实际的施工现场影像上，根据当前的施工状态，对下一步的施工过程进行提示，并且还可以将对应的施工标准推送到系统上，在施工人员需要时随时调出查看使用。

图4-13 智能培训功能结构图

3. 典型施工工艺培训

水电工程涉及专业多，工艺复杂，针对典型的施工过程，比如开挖、支护、混凝土浇筑、机电安装等，制作典型施工工艺三维动画，按照对应的施工类型进行分类整理，形成典型施工工艺资源库。用户根据需要，在手机或平板电脑上可随时调出典型施工工艺进行浏览学习，可在三维场景中控制工艺步骤，进行反复学习。同时提供查询功能，可以快速定位到所需浏览的典型施工工艺资源。

4. 培训评价

系统会记录用户的学习过的典型施工工艺课程次数及时间，根据培训所达到的级别给出培训效果评价，并可根据当前的评价结果，提供个性化的下一步培训计划，可有效提升用户的学习兴趣，提高施工人员的培训效果。

（四）硬件

智能眼镜：具有蓝牙、WIFI功能，支持第三方APP同步；具有录像功能，清晰度不小于720P；具有语音通信功能；眼镜采用模块化结构，摄像头、耳麦、镜片可拆卸，方便戴眼镜人员使用；重量不大于200g，电池持续使用时长不低于1h，并具有移动电池（充电宝）接口。

（五）关键技术及原理

利用三维动态建模技术对施工作业场景建立三维模型，将施工作业规范操作流程和正确的施工工艺内置于三维场景中，学员通过播放三维场景并与其进行交互，可直观地学习到正确的施工作业操作流程和施工工艺，同时将学员在三维施工作业场景中进行的模拟操作记录下来与正确的操作进行比对，从而对学员学习效果进行评价。系统还可通过记录学员的学习过程及时长，根据规则对学习过程进行评价。

第三节 施 工 质 量 管 控

《质量管理体系 基语术语》（GB/T 19000—2016）将质量管理定义为：确立质量方针及实施质量方针的全部职能及工作内容，并对其工作效果进行评价和改进的一系列工作。

工程项目质量管理有其自身特点。

（1）工程项目的质量特性较多。除了项目的物理化学功能特性外，还要考虑可靠性、耐久性，寿命期内功能的持续性，减少维修量，关注安全性（人身安全、运行安全）与环境的协调。

（2）工程项目形体庞大，高投入，周期长，牵涉面广，风险多、变化大。

（3）影响工程项目质量因素多。工程项目不仅受工程项目决策、勘察设计、工程施工的影响，还受到材料、机械、设备的影响。对工程所在地的政治、经济、社会环境以及气候、地理、地质、资源等影响也不能忽视。

（4）工程项目质量管理难度较大。工程项目中的每个项目都有着各自的特点和区别，质量管理工作需要不断地适应新情况。同时，施工建设项目的周期长，实施过程中情况不断变化，许多新因素不断加入，这就给工程项目质量管理带来难度。

（5）工程项目质量具有隐蔽性。工程项目中分项工程交接多，中间产品多，隐蔽工程多，如不及时进行监督检查，事后很难发现内在的质量问题。因此，必须加强过程中的监督检查。

丰满重建工程质量管控关键环节主要包括质量策划、施工过程质量监控、试验检测、质量验评等环节。

（1）质量策划是根据工程目标明确施工过程质量标准的过程。施工单位按照标准进行施工。

（2）施工过程质量监控则是指实时对施工过程与结果进行检查。

（3）试验检测与质量验评则是对结果进行检查，通过一系列过程与结果检查可以使问题得到发现，及时纠正。

传统施工管理模式下，由于标准来源多样、数量庞大，做到按标准施工貌似简单，实际对人员要求极高，学习困难，执行困难，检查困难。试验检测人员需要录入大量的试验结果数据，需要对照标准做并且投入大量时间进行试验数据统计。数据录入与统计工作量大，容易出错。

大坝施工过程中最主要的质量控制目标就是防止出现混凝土开裂、渗水等问题，而大坝混凝土碾压压实度及混凝土温度等影响混凝土质量的指标难以靠传统手段进行控制。过程质量监控、试验检测、质量验评过程中产生大量的数据，一方面难于有效利用，另一方面质量验评结果将成为竣工验收的重要资料，但大量竣工资料丢失和后补资料准确性难以保障的问题已经成为影响大坝验收的主要问题。

针对以上问题，质量管控模块首先需要把工程质量管理用到的各种标准、规范有效管理起来，并和单元工程建立关系，把标准结构化，以便查找和利用；第二是利用这些标准为试验检测和验评人员提供自动化的数据录入、推送和评价功能，充分利用电脑，减少工作人员工作量，在此基础上对数据进行归类整理，方便查询和统计；第三是提供智能化的数据采集方式，避免增加额外工作量；第四是混凝土碾压和温度的控制等影响混凝土质量的关键环节需要信息化的手段进行实时监控。

丰满智慧管控一体化平台系统结构中的质量管控总体技术架构如图4-14所示。

一、试验管理

（一）概述

为解决传统的建设工程试验室检测管理中所存在的诸多问题，建设工程检测试验信息

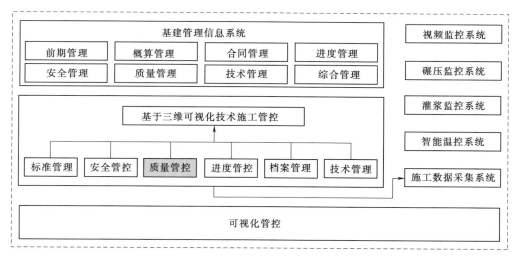

图 4-14 质量管控总体技术架构

化管理的目的是在保证建设工程检测试验室质量体系正常运行条件下，尽可能地减少处理环节，提高效率，完好地保存试验检测数据，更直观地展示试验检测数据的统计和分析结果。建设工程检测管理的信息化与自动化，是行业发展的必然趋势。

通过研究建设一套完整的信息化与智能化试验管理系统，建立规范化的业务处理流程，实现对试验资质管理、试验委托、样品采样登记、试验结果记录、不良结果处理等管理业务规范化管理，形成规范、高效、准确、智能化的业务管理系统；利用计算机的高效处理手段完成试验报告形成、数据查询/统计的数据处理工作，解决试验管理数据处理难、时效性差的问题。

丰满智慧工程系统试验管理的主要功能包括：试验室资质管理、试验技术标准、试验检测工作量计算、试验检测标准应用、试验检测过程（含试验委托、试验样品、见证、试验结果等）以及试验结果统计分析等业务功能。

（二）总体技术架构

试验检测管理包括基础数据维护（试验内容、检测项目、检测地点、依据）、试验资质管理、试验标准管理、试验检测过程管控和数据统计分析五部分。系统的总体技术架构如图 4-15 所示。

（三）功能结构及说明

试验检测管理的功能结构如图 4-16 所示。

1. 资质管理

资质申报：试验单位对在进场后按照管理规定，对试验室资质、试验检测项目、检测人员、授权人资格、仪器检定证书相关证明文件、资质材料进行上报；并提供年度复审的操作维护功能。

资质审核：监理单位依据相关规定，对试验单位上报的资质申请及相关证明文件、资质证件进行审查，形成审查意见。

资质提醒：系统对试验单位上报的资质文件的有效期进行管理，对即将到期的资质文

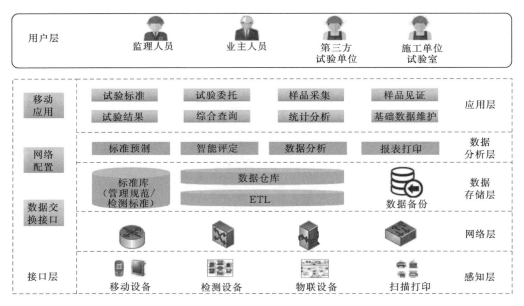

图 4-15 智能化试验检测总体技术架构

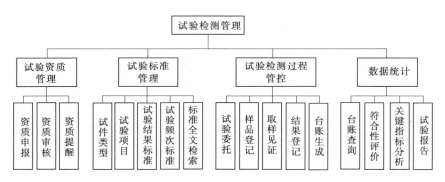

图 4-16 智能化试验检测管理的功能结构图

件进行提醒试验,督促试验单位及时办理、更新提交最新的资质文件。

2. 试验标准管理

试件类型:用于定义试验检测所涉及的物品类型类别(如:砂石、骨料、混凝土、钢筋、主材类别等检测试件类型)。

试验项目:用于定义试验检测的试验项目(如水泥的试验检测项有:胶砂强度抗折、抗压、标准稠度用水量、凝结时间、比表面积等)。

试验结果标准:用于定义试验检测项目的标准值,用于进行实际值的对比,判断试验是否符合标准。

试验频次标准:用于定义试验检测项目其他属性,如:检测频次等。

标准全文检索:用于对试验管理相关规章、制度、执行标准等文件进行收集、登记,形成标准文库;实现相关文件内容全文检索。

3. 试验检测过程管理

试验委托：试验委托是通过各施工方（施工单位、监理、业主）向第三方试验机构进行试验任务委托的过程，试验委托中主要需要登记委托方、委托试验内容、需采样数量等信息，是试验管理的发起环节。

样品登记：样品登记是用于记录试验样品的采集信息，如采样时间、采样地点等样品信息。通过样品登记可实现对取样样品的跟踪及试验提醒等功能；系统提供从委托信息到样品登记条目的自动生成功能，可以对样品的采样登记进行业务提醒，从而从委托取样阶段避免样品取样不足或重复取样的工作。同时在样品管理阶段，可以根据样品信息，形成用于试验室内部管理的样品标签——样品二维码，提供样品的跟踪，样品试验提醒、样品试验结果便捷录入等功能。

取样见证：取样见证主要是相关见证单位对试验抽取样品的确认，是抽样过程的见证或监督，见证单位可以是施工单位或监理单位相关人员。

结果登记：试验结果登记是在完成试验后，试验人员将试验结果进行记录的操作，该操作过程可通过网页端或手机端实现。网页端提供类似试验报告单填写的方式，并实现试验报告的格式化打印功能。试验人员检测结果登记时，系统会对照实际执行的技术标准自动进行检测结果符合性评价，并将未达到质量标准的检测结果突出显示出来，系统也可以实现根据预先设定的条件向特定的人员推送不合格信息，并触发不合格样品管理功能。

台账生成：由于该系统在设计中大量使用配置方式，因此从原始数据解析查询、统计效率较低，因此系统建立生成试验台账的功能，提供阶段性数据的预处理功能，为后面试验数据的汇总统计提供帮助。台账生成一般由监理、业主试验管理人员定期执行，以满足阶段性试验数据汇总的业务需求。

4. 试验统计

台账查询：对形成的台账数据进行查询，提供按试验类别、时段、供应商、委托方等多种维度的查询方式。

符合性评价：按照试验相关规定，使用试验检测标准库中的试验结果指标配置，对试验检测结果进行自动的评价判断。评价包含两部分内容：一是试验检测的检测项目是否合格，即试验结果的符合性评价；二是试验检测的抽检频率/抽检次数是否合格，即抽检频次及方式的符合性评价。

关键指标分析：对部分重要试验物资、检测项目的结果进行数据分析，如水泥的28天抗压强度波动曲线、正态分布等。

试验报告：形成阶段性试验统计报告，按照质量巡检报告的格式，形成该报告中所需的主要统计信息，包括：取样情况汇总表、检测结果明细表、检测频次统计表、汇总性描述信息等内容。

（四）关键技术及原理

采用移动互联技术，实时采集试验检测全过程信息；通过管控平台实现信息共享和协同工作；将试验检测技术标准进行结构化分解，利用计算机完成替代人工进行信息处理，自动进行检测结果和检测频次的符合性评价，按照预设规则自动完成试验数据统计分析，生成统计报告；分析试验工作流程各环节需要完成的工作内容，利用计算机自动推送工作任务，跟踪试验工作进展，对异常情况进行报警；提供便捷的查询手段，实现全过程精细化管控。

二、质量验评

（一）概述

质量验评是工程质量管控的重要工作，传统的管理模式主要依靠质检人员进行现场检查和记录，质量检测数据种类和数量较多，其工作质量受工作人员自身业务素质和工作经验影响较大，数据的准确性、真实性和实时性较差。随着信息技术的快速发展，新的信息技术突破已经改变传统人工作业方式，能够借助现代智能化手段解决数据采集问题，使得工程建设质量管理在精细化管理、标准化管理上得以提升。

智慧管控系统主要针对质量验评的标准化表单实现结构化建设及数据采集移动应用而进行研究建设和应用，规范现场施工质量验评管理标准，实现质量验评全过程管控、实现验评数据采集与数据分析应用。主要目的是通过信息化技术将《抽水蓄能电站建设工程质量验收与评定标准》（暂未发布）中的标准表实现结构化，并基于基建管理信息系统上建立现场质量验评数据采集，进行大数据统计、分析、挖掘等技术，提高抽水蓄能电站基本建设工程施工质量管理水平，规范工程施工质量的验收工程与评定过程等。

（二）总体技术架构

系统遵从 SG－ERP（是一种在"十一五"建设成果 SG186 的总体架构基础上通过平台集中、业务融合、决策智能、安全使用等理念，将发电、输电、调度等具体应用纳入到整体信息化建设过程中来的信息化架构）的应用架构管控要求，严格遵循应用完整性、横向整合、业务驱动性及架构柔性原则。质量验评总体技术架构如图 4－17 所示。

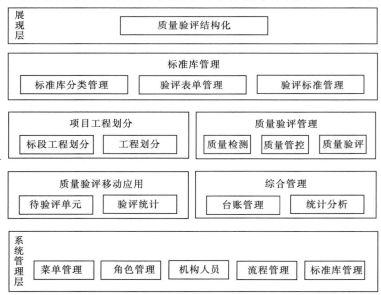

图 4－17 质量验评总体技术架构

通过质量验评结构化项目建设，结合现场实际业务进行深化和完善，实现现场业务数据的及时上报、审批。从应用方式上，主要以外网应用为主，主要由监理单位与施工单位使用，用于质量验收评定相关业务数据的采集、上报、审批、归档。

（三）功能结构及说明

工程质量数据验收评定标准结构化及数据分析项目主要分为标准库管理、项目工程划分、质量验评管理、质量验评移动应用管理、综合管理五部分内容。质量验评功能结构如图 4-18 所示。

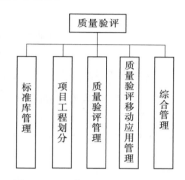

图 4-18 质量验评功能结构图

（1）标准库管理：主要分为标准库分类管理、模板管理、标准库管理三个功能点。

1）标准库分类管理是建立质量标准分类，包括分别编号、名称可对分类进行修改及删除。根据验收标准类型选择要查看的施工标准。可点击"添加控制点"按钮新增控制项。

2）模板管理可对模板进行新增、查询、预览、修改、删除操作。新增的模板包括编号、名称、类型、版本号、说明及模板附件，其中模板类型为工程划分中的单元工程结构表。

3）标准库管理显示标准库分类名称，在分类下定义业务管理项。

（2）项目工程划分分为工程信息划分、工程划分两个功能点。

1）工程信息划分按照合同信息、标段信息分类，按标段进行单位、分部、单元工程的定义。

2）工程划分用树状形式维护工程单位、分部、单元数据定义。

（3）质量验评管理主要分为单元验评项配置、单元验评数据采集、生成单元验评表三个功能点。

1）单元验评项配置对单元工程所需的验评项目进行配置。

2）单元验评数据采集根据标准库中验评项目检查项目配置形成单元验评数据录入界面（同时形成网页端、手机端界面）。

3）生成单元验评表利用验评控制项模板文件，结合采集的验评数据，形成可以归档的工序评定表。

（4）质量验评移动应用管理主要分为待验评单元、验评统计两个功能点。

1）待验评单元质量验评移动应用主要是实现通过移动设备，进行单元工程验评数据的采集录入。

2）验评统计主要是验评结果的展现分析。

（5）综合管理主要包括统计分析、查询分析、导出打印三个功能点。

1）统计分析主要实现工程质量验收评定结果台账查询统计，可对台账按日期、单元工程名称等项进行查询，并以 Word 或 Excel 格式进行导出；实现对质量验收评定结果按照项目点、项目合同、工程结构、时间等条件分级统计各自（单位、分部）包含的单元、工序合格率和优良率，采用图表结合方式展现，供质量管理人员进行趋势分析。

2）查询分析实现对工程质量验收评定表中主控项目的关键参数（如半孔率、超挖厚度、焊缝超声波探伤一次合格率、上/下导摆度、水导摆度等）实现分类汇总，以柱状图等形式进行展现。

3）导出打印系统实现电子签名功能，对于已经形成的质量验评工作结果，可通过导出 PDF 或 Word 格式的电子文档进行线上导出打印，打印或导出时可以选择是否带有电子签名，并实现对签字后的验评资料采集与存储。

（四）关键技术

智能化质量验评是采用数据库、移动互联、工作流等技术，对施工质量验评工作进行全过程管理，系统集成质量评定业务标准，通过对质量验评过程中关键业务信息三检表及评定表的结构化，实现验评项、验评结论的智能判定，验评流程的自动触发，从而降低质量管理人员的工作量，提高质量验评的准确性，形成规范高效的智能化验评系统。

智能化质量验评的研究目标是通过信息化手段，完成质量验评全过程控制工作。通过移动设备采集质量控制检查（测）结果，对照质量标准自动进行符合性评价、质量等级评定，利用标准模板生成符合归档要求的质量验评资料。

（1）建立了质量验评业务（三检、工序含子工序、单元）和流程之间的逻辑关系，数据信息之间的逻辑关系，建立质量标准库，实现标准自行判断，信息逐级汇总。

（2）实现智能化质量验评的理论方法：首先将质量标准进行结构化分解，建立与每一个质量检查项相对应的质量标准和逻辑判断规则数据库；然后采集质量检查（测）结果，每一个检查（测）结果与质量标准和逻辑判断规则一一对应；由计算机完成符合性评价，评定质量等级；最后依据档案技术标准建立质量验评表格样式数据库，将质量验评结果打印输出成符合归档要求的文件资料。

（3）建立智能化质量验评系统，利用现代信息技术将规程规范中的质量标准文字翻译成计算机能够识别的质量标准与逻辑判断规则，利用计算机替代人工完成传统管理模式下由工程师进行符合性评价工作，判断检查（测）点、检查（测）项、子工序、工序、单元、分部工程、单位工程的施工质量等级，提高工作的准确性和效率。

针对质量验评工作过程中的信息类型、来源、发生环节，使用适当的方式方法实时采集信息；采用移动终端（手机）、PC 客户端、传感器、各专业子系统通过物联网、多网组合等技术，通过管控平台将各维度信息及应用有效地融合在一起，建立各维度信息之间业务逻辑关系，实现所有工程管理人员基于管控平台协同工作，各负其责、共享信息；系统按照业务系统中的业务逻辑规则自动进行信息处理，完成数据计算、统计、分析，生成可视化图表；系统将质量检测结果与预置的质量标准进行比较，完成符合性评价，对不符合标准的情况实时进行预警，并建立相应业务功能约束及处理机制。

三、工程划分

（一）概述

工程建设的整体目标确定之后，在进入实施阶段时，需要将建设目标进行分解，即，将工程整体分解为个体意义上的基本单位（施工管理单元）。具体方法就是根据建设需要，依据施工类型将整体目标分解成若干相对较小、且具有可操作性的具体目标。在此基础上，通过促成每一个小目标的圆满完成，来确保整体目标的顺利实现。

施工设计过程完成工程划分、坝段及浇筑分区、仓面划分，定义重要质量控制指标。这一过程既是项目范围管理的重要步骤，也是工程模型（即 BIM）的定义过程。从范围管理的角度看，施工设计从多角度定义了工作分解结构，成为后续工作分配与边界控制的基础。从工程模型的角度看，施工设计的成果抽象地描述了大坝的构成及其关键指标，也是将实体大坝结构和管理信息相结合，进行三维可视化的基础。

工程项目划分是工程质量管理的基础。《水利水电基本建设工程单元工程质量等级评定标准（试行）》（SDJ 249.1～6—88，SL 38—92）及《堤防工程施工质量评定与验收规程》（SL 239—1999）中定义了项目划分原则。

1. 单位工程项目划分原则

（1）枢纽工程，一般以每座独立的建筑物为一个单位工程。当工程规模大时，可将一个建筑物中具有独立施工条件的一部分划分为一个单位工程。

（2）堤防工程，按招标标段或工程结构划分单位工程。规模较大的交叉联结建筑物及管理设施以每座独立的建筑物为一个单位工程。

（3）引水（渠道）工程，按招标标段或工程结构划分单位工程。大、中型引水（渠道）建筑物以每座独立的建筑物为一个单位工程。

（4）除险加固工程，按招标标段或加固内容，并结合工程量划分单位工程。

2. 分部工程项目划分原则

（1）枢纽工程，土建部分按设计的主要组成部分划分；金属结构及启闭机安装工程和机电设备安装工程按组合功能划分。

（2）堤防工程，按长度或功能划分。

（3）引水（渠道）工程中的河（渠）道：按施工部署或长度划分。大、中型建筑物按设计主要组成部分划分。

（4）除险加固工程，按加固内容或部位划分。

（5）同一单位工程中，各个分部工程的工程量（或投资）不宜相差太大，每个单位工程中的分部工程数目，不宜少于 5 个。

3. 单元工程划分原则

一般是依据设计结构、施工部署或质量考核要求，把建筑物划分为若干个层、块、段来确定的。通常是由若干工序完成的综合体，是日常质量考核的基本单位。对不同类型的工程，有各自单元工程划分的办法。

（二）功能结构及说明

施工设计信息是工程施工正常开展的基础性管理数据，也是系统各业务功能正常运行所依赖的基础数据，主要包含：工程划分管理，坝段、浇筑分区管理，仓面划分管理，材料设计信息等（图 4-19）。

1. 工程划分管理

工程划分确定主要单位工程、主要分部工程、重要隐蔽单元工程和关键部位单元工程，是监理施工单位进行工程建设质量验收评定工作的基础资料。

（1）单项工程：指建设项目中具有独立设计文件、可独立组织施工、建成后可以独立

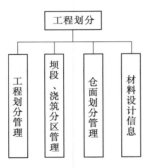

图 4-19　工程划分功能
结构图

发挥生产能力或工程效益的工程。

（2）单位工程：指具有独立设计文件、可独立组织施工，但建成后不能独立发挥生产能力或工程效益的工程。

（3）分部工程：是单位工程的组成部分。分部工程一般按单位工程的结构形式、工程部位、构成性质、使用材料等不同而划分的工程项目。

（4）单元工程：指按同期施工作业区、段、层、块划分，通过若干作业工序完成的工程项目。单元工程是构成分部工程的工程质量考核和合同支付审核的基本工程单位。单元工程信息包括：单元编码、名称、单元类型、高程桩号（共6个位置信息）、计划实际时间等内容。

2. 坝段、浇筑分区管理

坝段主要是大坝工程按坝体类型及施工组织划分的施工分区。

3. 仓面划分管理

仓面是混凝土施工的工作面。仓面划分之后才能开展相应的施工设计、施工组织，施工控制。

4. 材料设计信息

材料设计主要用于定义与施工相关的主要材料参数数据，如混凝土标号、配合比信息等。

（三）关键技术及原理

工程划分是在系统中定义单位工程、分部工程、单元工程间逻辑关系的过程，工程划分结果将是一体化平台及各专项子系统正常运行的最核心基础数据，工程划分经过审核后，可以单元工程或分部工程为最小载体，与 BIM 模型进行关联，在关联模型时，可同时浏览模型，自动根据名字模糊查找模型，可以定义模型的最佳视点等操作；本功能将模型和工程划分关联在一起。

四、仓面设计

（一）概述

在现代水利水电工程施工过程中，仓面设计被大规模广泛地应用。仓面设计很大程度上在于施工初始将施工的部位特征、资源配置、基本信息、取材用料、施工方法、技术要求及安全措施等仓面信息囊括其中，使管理人员在施工过程中无需翻找厚厚的图纸，也无需协调各部门人员即可了解到仓面施工的一切信息。

（二）总体技术架构

1. 仓面特性

仓面特性主要包括：高程、桩号、坝段、面积大小、浇筑方量以及仓面材料使用类型、种类、标号。其主要目的就是明确浇筑部位，表明浇筑部位结构特征及浇筑特点；通过分析仓面特性可以确定浇筑参数，进而确定资源配置，预防在施工过程中来自周边的施工干扰，有利于发生突发性状况时及时采取应对措施和备用方案。

2. 技术要求及浇筑方法

技术要求主要包括质量要求与施工技术要求，如混凝土的温控技术要求，铺料、碾压及覆盖时间间隔等施工技术要求。

浇筑方法主要包括，铺料厚度、铺料方法、铺料顺序、碾压遍数、振动频次、压实度等。

通过将设计图纸、文件、施工技术规范整合在仓面设计中，有利于将标准技术要求及浇筑方法更好地应用于现场施工中，方便了标准的执行。

3. 资源配置

资源配置包括设备、人员、材料的配置情况。其中，设备包括入仓设备、碾压设备、振捣、平仓设备等；人员包括仓面指挥、仓面操作人员，相关工种值班人员和质量、安全监控人员。

资源配置根据仓面特性、技术要求和周边条件进行，合理确保施工的顺利进行。

4. 质量保障措施

仓面设计中，对混凝土温度控制、特殊部位均应提出必要的质量保证措施，如喷雾降温、仓面覆盖保温材料、一期冷却等温控措施；止水、止浆片周围，建筑物结构狭小部位，过流面等部位的混凝土浇筑方法。

一般仓位的质量保证措施，在仓面设计表格中填写。对于结构复杂、浇筑难度大及特别重要的部位，必须编制专门的质量保证措施，作为仓面设计的补充，并在仓面设计中予以说明。

（三）功能结构及说明

仓面设计功能结构如图 4 - 20 所示。

仓面定义：根据施工进度计划，对即将施工的仓面在系统中进行新建、修改，并对仓面的基本信息进行定义，其中主要内容为仓面编号、仓面名称、高程、桩号、施工时间等前置性质的基本信息，以方便在施工中对仓面的施工信息进行进一步编制。

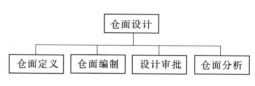

图 4 - 20　仓面设计功能结构图

仓面编制：通过对仓面的建立及定义后，根据施工方案及设计要求，对即将施工仓面的具体内容信息进行编制，其中主要内容为工程量、仓面材料信息、材料型号信息、人员投入信息、设备投入信息、仓面详细设计图及对应仓面施工注意事项等，通过系统对仓面信息进行结构化内容编制，提高信息化应用效率。

设计审批：仓面设计编制人对仓面设计进行编制后可在系统中通过线上审批功能进行逐级审批，完成最终的仓面设计制定。

仓面分析：系统通过对仓面设计内的基本信息、用料信息、工程量信息等进行快速计算，可统计出混凝土对应的配合比信息，可通过对基本信息的后台运算完成对实体工程的模型自动生成，可通过对混凝土标号及用量的分析完成配合比用量计算，可通过对施工计划时间与完成时间进行三维对比直观地对施工进度状态进行分析。

（四）关键技术及原理

通过对仓面设计的深入研究，智慧管控平台通过大数据、云计算等高新技术，整合施工数据资源，将仓面设计进行结构化处理，从根本上彻底解决了仓面设计在施工应用过程中所带来的不足。

（1）利用大数据技术，结合多部门回传数据进行整合，平台可直接将各部门反馈的基本信息进行整合，统一反馈到仓面设计中。例如，通过质检部门的质量验评终端录入，基本信息就已建立起来。通过单元工程与仓面的关系，系统会自动带入基本信息，完成基本信息的填写，省去了施工人员大量的填写工作量，也解决了多部门信息互通的问题，在沟通上省下了大部分时间，只需做好审核即可。

（2）通过仓面设计的电子化、数字化应用，从仓面设计制作到审核，最终到批复，统一运用数字化线上流程管理。通过平台制作的仓面设计，只需线上提交给下一级审核人，系统将自动以推送或短信形式告知，审核人员只需线上审查办理即可，省去了中间沟通、提交等诸多问题，提高了审核效率。

（3）由于运用了云计算存储等高科技手段，仓面设计已不再局限于纸质文件中，已从线下存储转移至线上存储。系统可对仓面设计进行永久性保存，同时通过移动终端APP，人员在无线网络覆盖下的任何位置，即可随时随地查看仓面设计内容及信息，真正做到无纸化办公，切实提高工作效率。

第四节　施　工　进　度　管　控

一、概述

施工进度管控技术是采用三维动态模型技术、移动互联等技术，对水电工程施工进行智能化管控的方法。系统自动进行限制条件判断、计算量化指标，实现智能化的可行性分析和优化调整；采用三维动态模型技术，实现进度计划的动态仿真推演和实际进度展示；实时采集进度信息，自动统计工程量实际完成情况，及时发现进度偏差，为施工进度管控提供辅助决策支持。

完成三维模型的建立，通过建立工程三维单元模型，在模型上叠加计划进度数据，以直观的方式在三维模型上进行计划进度的推演、实现进度的演示、进度对比分析、施工强度对比分析、进度计划调整等任务。

二、总体技术架构

施工进度管控总体技术架构如图 4-21 所示。

三、功能结构及说明

施工进度智能管控系统是面向工程进度管理与控制分析的功能系统，以项目工作分解管理为依据，采用可视化方式为用户提供工程进度计划编制、工程进度模拟演示、进度计划过程审批、实际进度信息管理、工程建设动态显示、工程进度计划分析、工程进度报表定制和施工影响因素分析等一系列业务管理功能。具体如图 4-22 所示。

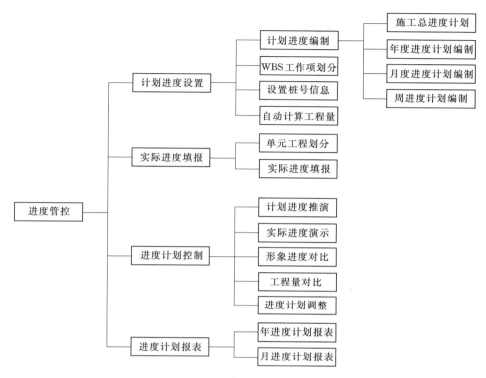

图 4-21　施工进度管控总体技术架构

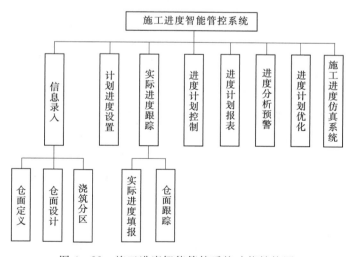

图 4-22　施工进度智能管控系统功能结构图

（1）具有混凝土计划施工过程模拟，可对整个工程或选定 WBS 节点进行施工过程模拟，以天、周、月为时间间隔，按照时间的正序或逆序模拟。

（2）实现混凝土大坝施工数据集成，各系统关键量值能够实现大坝模型的统一显示，如施工质量检测数据、混凝土温度控制数据、灌浆数据等。

（3）具有混凝土施工现场施工过程模拟，包括混凝土碾压过程仿真、灌浆过程模拟、温度控制模拟、振捣过程模拟。

（4）具有三维漫游、材质纹理、透明度、动画等真实感模型显示功能。

（5）具有实际进度与计划进度的实际查询功能。

（6）具有实际进度与计划进度的对比分析功能。

（7）具有实际进度与计划进度的超前、滞后预警预报功能。

（8）具有进度的优化展示功能。

（一）信息录入子系统

开发完成信息录入子系统，信息录入子系统数据应自动链接一体化平台混凝土开仓信息，实现各类数据采集信息的唯一化，包括开仓时间、仓面编号、起始高程、起始桩号，混凝土配合比等内容，减少重复录入。

（二）计划进度设置

完成计划进度设置子系统。计划进度设置主要用来进行计划进度编制、WBS工作项划分、设置桩号信息、自动计算工程量。

施工部位确定后，监理单位下达工程开工令之前，施工单位编制施工总体进度计划，项目经理审批签发后报监理审批。监理单位组织审查（对于主体工程，可组织基建单位、设计、施工等单位共同审查）各标段的施工总体进度计划，监理单位总监理工程师批准，施工单位将批准后的进度录入系统，数据自动关联模型。

施工单位应按合同要求进行资源配置，按批准的年、月、周施工进度计划和施工组织措施组织实施，确保各周期计划工期目标的实现。

施工总进度计划草案编制根据施工方案对混凝土进行分仓规划，确定每个仓号的位置参数，在系统中进行工程项目划分，通过工程项目划分自动生成配套的工作项，采用切片法根据位置参数自动计算每个工作项的混凝土工程量，根据平均施工强度自动计算工作项时长。

在此基础上增加项目划分中没有包含的内容，例如，冷却通水、临时越冬保温等内容。录入计划开始/完成时间，形成施工总进度计划工作项清单。

系统按照工作项清单及时间参数生成三维动态模型进行推演，用户在三维模型上可以观察工作项的施工顺序合理性，对明显不合理的工作项进行调整。

系统自动生成三维模型，拖动时间轴到目标日期，即可形成当前时间的形象面貌图。

（三）实际进度跟踪

1. 实际进度填报

实际进度管理是进度管理的成果，实际进度是衡量工程是否按照计划开展的重要指标数据。实际进度按照周进度计划进行逐项填报，支持表格导入功能，此部分由大坝土建标完成。

现场通过手机采集各工序的实际开始/完成时间，单元工程、分部工程、单位工程的开/完工时间通过逻辑关系自动计算。

单元工程开工时间即各工序最早开工时间，完工时间即各工序最迟完工时间。

单元工程的工程量由仓面设计数据调取。

进度计划中的工作项为某一区域的（如溢流坝段高程 197.00～210.00），系统自动查询该区域内所有单元的开始/完成时间自动计算。

系统可以根据施工管理单元的实际进度信息，以动态三维模型的形式显示工程形象面貌。实体状态表示已完成，闪烁状态表示正在施工。下部是时间轴，上部显示主要项目的工程量统计结果，包括本周、本月、本年、累计及其比例。鼠标浮动至某一施工管理单元模型上，显示其名称、编码、计划和实际开始/完工时间。

系统向工程管理人员自动推送工程进度执行情况信息。包括当天计划施工任务，前一天完成的施工任务，混凝土累计浇筑量、隧洞进尺等主要施工项目的当前进展，主要工序开始时间和结束时间。用户也可以根据需要定制进度信息。

2. 仓面跟踪

混凝土浇筑状态用来记录仓面混凝土的浇筑状态，包括：开仓、收仓、停料、续浇、交班等内容。

（四）进度计划控制

开发完成进度控制软件系统，需实现：①计划进度推演；②实际进度演示；③形象进度对比；④工程量对比；⑤进度计划调整。

系统在工程项目划分与进度计划的工作项之间建立逻辑关系，由工程项目划分的结果生成进度计划工作项，编制进度计划增加或删除的工作项自动反馈调整工程项目划分，进一步减少重复劳动。

通过工程项目划分将各标段、各周期的进度计划组合成相互关联的整体系统，上级计划分解生成下级计划草稿，前一周期未完成的工作项自动添加到下一周期计划。

系统根据每一个工作项开始/完成时间的计划值和实际值，自动计算进度偏差值，确定进度计划执行结果（按期完成/提前完成/滞后完成/未完成/未开始），并与相关的施工管理单元三维模型进行关联，保存在数据库中。

在三维动态模型上，显示当前工程形象面貌并以不同颜色标示出每一个工作项进度计划执行结果。通过移动时间轴上的滑块可以回溯开工至当前之间的任意一天，查看当天进度计划执行结果。

系统提供年度计划与完成情况总体面貌对比功能，在三维模型上可以根据需要标示年度计划面貌的主要参数，系统自动计算对应的当前实际完成参数标示在模型上。

系统可以根据需要设置关键节点（截流、度汛、蓄水、发电）计划与实际完成情况总体面貌的对比场景。

（五）进度计划报表

为了便于工程进度的管控，系统提供进度计划报表功能，对计划进度和实际进度数据进行统计汇总，用于各建设相关单位控制工程进度状况，及时进行计划调整和施工资源的调配。主要的报表包括：本月计划完成工程量、本月供材消耗量、本月原材料试验清单、本月混凝土性能项目试验清单、下月计划完成工程量、下月供材消耗量、下月原材料试验清单、下月混凝土性能项目试验清单等，进度报表由系统自动生成。

系统由年度计划数据直接生成月进度计划，用户可以对其进行进一步调整。系统会根据月进度计划数据自动进行统计和量化指标计算。包括：当期混凝土完成量（碾压、常态、总量）、比例、年度累计、总累计，原材料消耗量，下月混凝土计划量，下月材料计划使用量。

（六）进度分析预警

该功能用来展示实际进度与施工总进度计划相比，有拖延的工程，将该工程以特殊的标记显示在三维场景中。系统如果发现某分部分项的实际进度的开工时间或完工时间晚于施工总进度计划的预计最晚开工时间，预计最晚完工时间，则系统以符号化的模型显示进度预警信息。

场景展示形式分为三种：①开工延迟；②完工延迟；③开工完工都延迟。点击预警符号，系统能够显示预警的详细信息。

（七）进度计划优化

应根据进度计划情况进行进度优化，以时间为控制目标，实现施工进度的优化分析，必要时给出进度计划建议。

（八）施工进度仿真系统

开发完成施工进度仿真系统，实现进度计划的查询、统计分析及三维展示。

四、关键技术及原理

（1）构建进度计划可行性分析模型，将气候、温控、关键节点、施工强度、资源配置等限制条件和量化评价指标转化为计算机能够使用的逻辑算法，自动进行统计分析，实现了快速、准确的逻辑判断，为进度计划的优化调整提供决策支持。

（2）采用三维动态模型技术，实现了参数化的三维模型自动构建，直观展现进度计划三维推演结果和进度的追踪，自动生成形象面貌图。

（3）系统以工程项目划分为基础，建立了工作项之间的逻辑关系，各标段、各周期的进度计划组合成相互关联的整体系统，实现了工作项和时间两个维度的自动组合与分解，自动分析各级进度计划对总进度目标的影响程度。

（4）通过手机在现场实时采集工作项的时间参数，自动进行汇总统计，解决了信息获取路径长、效率低和准确性差的问题。

（5）采用切片工程量分解法自动计算单元工程的工程量。将每个坝段按照10cm高度切分成薄片，每个薄片有对应的高程和桩号，技术人员人工计算每个薄片内的工程量，录入数据库；平台根据单元工程6个基本参数，即左右岸方向桩号、上下游方向桩号、底面和顶面高程，筛选其中包含的所有薄片，汇总计算出单元工程内不同标号的混凝土、钢筋、止水工程量。

第五节　施工模型与信息集成管理

一、概述

近年来，随着三维、BIM、虚拟现实、信息集成等技术快速发展，在基建工程等领域广泛应用，能有效解决丰满工程施工管理面临的一系列问题，但如何应对施工计划中施工模型的多变性对三维建模带来的挑战，以及如何把散落在多专业系统的数据有机整合在一起并进行可视化的展现，是丰满重建工程实现可视化施工管理需要解决的难题。

现场施工时，实际混凝土大坝的单元工程划分过程是：随着施工的进行，根据现场的施工环境条件，工程进展情况的变化逐步划分出对应的单元工程，相应的单元工程的桩号参数的变动，并不能及时反映在原有的单位工程的台账中。而传统建模模式下：单元工程模型是根据施工单位的台账信息，由建模人员手工在建模软件中切分出来，因此造成单元模型的切分效率不高，时间滞后，同时遇到桩号数据的调整时，还需要建模人员再次手工重新切分，影响工作效率。这就需要一种动态建模的技术实现随单元工程桩号参数变动自动建立新模型。

水利水电大坝工程施工涉及的专业多，在信息化过程中，各自建立了独立的管理系统，而每个应用系统都有独立的数据库和数据存储格式，例如，大坝碾压监控系统、混凝土温度控制系统等，各系统间数据无法进行共享，当需要对大坝进行整体的施工质量过程管理时，需要在不同的专业系统中进行查询，效率低下、使用不便。因此，迫切需要建立统一的数据标准，通过信息集成技术实现数据、应用和展现多个层面的集成与展现，为管理者提供一体化的管理信息平台。

二、功能结构及说明

（一）三维动态建模

丰满重建工程的单元模型动态切分主要应用在土建工程模型上，包括大坝碾压混凝土浇筑模型、厂房混凝土浇筑模型、洞室石方洞挖工程模型等。针对不同的模型将采用不同的桩号坐标系统，例如，针对大坝工程，一个基本的单元工程模型桩号数据包括上下游桩号、左右岸桩号、底高程和顶高程六个桩号数据；对于洞室工程，一个基本的单元工程模型桩号数据包括洞室轴线起止桩号、底高程和顶高程四个桩号数据。系统根据录入的桩号数据，通过三维动态建模技术可自动生成单元工程模型。

施工单元模型包括大坝碾压混凝土浇筑模型、厂房混凝土浇筑模型、洞室石方洞挖工程模型、其他施工作业面模型。施工单元模型功能结构如图 4-23 所示。

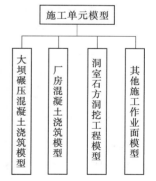

图 4-23　施工单元模型
功能结构图

（二）信息集成管理

在丰满重建工程中通过以大坝三维动态单元施工模型为载体，将大坝施工过程中多系统数据进行实时动态集成，包括仓面设计、试验检测、碾压监控、温度监控、质量验评数据，实现在统一的大坝三维模型上动态集成多专业的施工过程数据，便于大坝的施工过程监控与管理。

信息集成管理：建立大坝三维施工模型、建立统一数据集成标准、集成多专业动态数据、施工仿真与分析。信息集成管理功能结构如图 4-24 所示。

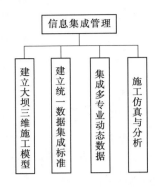

图 4-24　信息集成管理
功能结构图

1. 建立大坝三维施工模型

按照大坝工程的划分标准，以大坝的单元工程为最小模型单元，建立大坝的三维施工模型。

2. 建立统一数据集成标准

建立大坝施工过程监控数据的统一集成标准；包括仓面设计、试验检测、碾压监控、温度监控、质量验评等数据标准。

3. 集成多专业动态数据

通过集成技术和标准实现多数据系统的融合，将不同的源数据转换成所需的数据格式和结构，比如大坝施工仓面模型上，集成仓面设计信息、原材料检测信息、混凝土检测信息、碾压轨迹、碾压遍数、压实度、碾压速度监控信息、出机口温度、入仓温度、浇筑温度、仓块内部温度、工序三检表、工序验评表、单元验评表等数据。提高了大坝施工过程监控的效率，提升了大坝施工管理的水平。三维动态单元模型集成信息如图 4-25 所示。

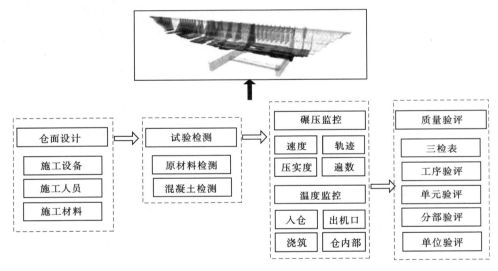

图 4-25　三维动态单元模型集成信息

通过基于大坝三维施工模型的质量过程监控大数据集成技术，能够更加直观有效地进行工程施工质量过程管理，将施工设计数据、施工试验检测数据、碾压质量监控过程数据、混凝土温度控制数据进行实时动态集成，有效地进行大坝施工质量过程监控与管理，控制整体工程的施工质量，提升工程管理水平。

4. 施工仿真与分析

基于三维施工模型标准定义施工优化与过程控制管理相关的人员、设备、物资等工程资源信息模型，构建施工仿真与分析信息模型。工程信息模型充分利用 BIM 技术在信息集成和共享上的特点，将施工仿真数据进行有机的组织和集成管理。

通过施工优化及过程可视化的模拟方法，实现三维可视化的施工过程以及施工操作模拟。与一般的过程模拟相比，可展示施工机械、施工资源的动态使用情况，为验证施工优化结果的可行性和有效性提供技术方法。

三、关键技术及原理

（一）三维动态建模

三维动态建模技术主要针对工程结构特点，解决实际施工过程中单元工程模型自动生成的问题。根据不同的单元工程模型的结构特点，建立不同的被切割模型体，按照相应的桩号参数生成切割标准体，通过被切割模型体与切割标准体的运算，生成大坝单元工程模型，同时要解决动态切分效率及生成单元模型的完整性和准确性。三维动态建模步骤如下。

（1）首先根据图纸建立整体模型，然后按照对象结构特点，将对象划分成不同的区域，生成相应的分部工程模型；

（2）根据输入单元工程的桩号参数，生成单元模型的切割体，单元模型切割体与整体模型进行运算，得到实际的单元工程模型。单元模型动态切分流程如图4-26所示。

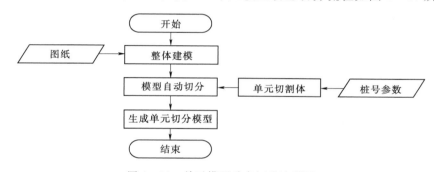

图4-26 单元模型动态切分流程图

通过模型动态切分的技术，可以极大地提高单元工程模型的建模效率，同时在施工设计阶段单元工程信息录入时，就能自动根据录入信息生成相应的单元工程模型，将建模过程前置，能够更有效地实行施工过程管理。

（二）信息集成管理

通过建立统一数据库进行数据交换与共享平台来实现多系统的信息集成。由基础数据库、管理数据库、模型库形成统一数据库，实现数据整合和统一存储，由数据交换与共享平台实现多源数据采集。

基础数据库管理各类相对稳定的核心数据，为数据统计分析与综合利用提供基础数据支持。丰满智慧管控基础数据库主要包括参建单位数据库、人员数据库、项目数据库、资产数据库、资源数据库等基础数据库。

管理数据库基于施工现场管控全局数据模型，又可分为安全主题库、质量主题库、进度主题库、费用主题库等主题数据库，为各项管理业务开展提供支撑。安全主题库支撑着从危险源辨识到安全管控实施和分析预警的全部业务过程数据管理与查询。质量主题库管理着从质量标准配置到质量管控实施和分析预警的各业务过程数据管理与查询。进度主题库管理着从进度计划配置到质量管控实施和分析预警的各业务过程数据管理与查询。费用主题库管理着从费用标准配置到费用计算和分析预警的各业务过程数据管理与查询。

模型库管理着全部三维工程模型，三维模型与各项工程项目数据、管理数据相结合，用于支撑实现三维可视化的实现。

在定义主题数据库模型基础上需要定义主数据及其编码。主数据是指系统间共享数据，它相对其他数据变化缓慢，需要并且可以进行统一管理，主数据统一管理有利于系统间数据交换顺畅和保障数据一致性。丰满重建工程智慧管控主数据主要包括参建单位、人员、项目、工程划分等。

为了便于交换与共享，应制定交换共享数据元和元数据标准，定义哪些数据需要共享，数据格式是什么。其中数据元通过定义、标识、表示以及允许值等属性进行描述，在特定的语义环境下，数据元被认为是不可再分的最小数据单元。元数据是描述数据的数据，主要是描述数据属性的信息，用来支持如指示存储位置、历史数据、资源查找、文件记录等功能。

数据交换与共享平台主要用于实现系统之间数据库及文件级的数据交换，即数据集成，一体化平台通过数据交换与共享平台获取各专项系统数据及外部数据，同时也向专项系统提供工程划分等数据，向外部系统提供质量验评结果等数据。

第六节　档　案　管　理

一、概述

工程档案管理是水电工程建设的一项重要工作，《水电工程验收规程》（NB/T 35048—2015）中规定，工程档案通过专项验收是竣工验收应具备的条件之一。

由于水电工程档案内容繁多、数量庞大，建设周期长，参与建设的单位多等诸多不利因素，工程档案管理难度非常大。

二、总体技术架构

丰满智慧管控一体化平台实现了"标准、进度、质量、安全、档案、技术"智慧化管理。丰满智慧管控一体化平台系统结构中的档案管理总体技术架构如图 4-27 所示。

三、功能结构及说明

档案管理功能结构如图 4-28 所示。

（一）工程资料管理

在平台中完成的工程管理业务，可以按照符合档案管理标准的格式输出，成为原始记录。这是档案的主要来源之一。目前，在平台上办理单元工程质量验评、试验管理、文件管理等业务形成的各种文件，可以用于归档。

（二）数字档案

平台中保存的各种文件，可以批量处理，导出成为电子文件，用于形成数字档案。平

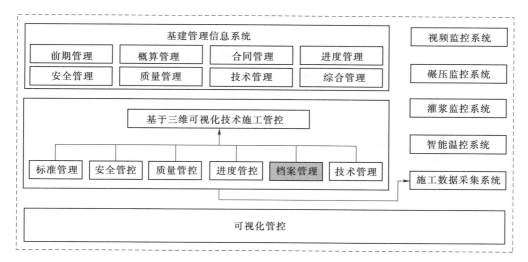

图 4-27　档案管理总体技术架构

台可以对这些文件进行筛选、归类、统一命名。

（三）二维码技术归档

从平台输出（打印、导出）的文件（如单元质量验评表）带有二维码，用于文件签署（手写签名）后，识别以图片格式（拍照、扫描）采集回到平台中电子文件的归属，与原文件建立对应关系。

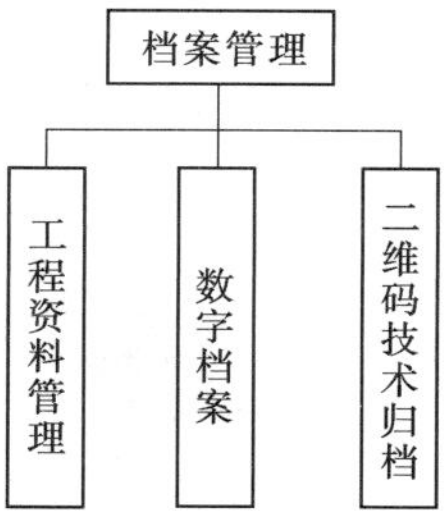

四、关键技术及原理

（1）实时采集信息。在平台上自动生成原始文件，避免原始文件（记录）的形成滞后于实际工作。平台采集的信息是施工过程中形成的第一手信息，信息的准确性和一致性可以得到保证。

图 4-28　档案管理
功能结构图

（2）平台中预置符合归档标准的格式，将落实档案质量技术标准的工作交给计算机完成，在文档形成的过程中落实。文件格式得到有效规范，避免了人工编制文件可能存在的质量问题，保证工程管理过程中形成的原始文件（记录）归档符合要求。

（3）工程管理业务在平台上完成，可以最大限度地减少纸质文件在流转过程中发生污损和丢失的可能。

第七节　碾压监控系统

一、概述

碾压施工是水电站、机场、高铁、交通等基建工程常用的主要施工措施之一，包括土石料碾压施工、混凝土碾压施工等。压实度是碾压施工质量与成果评价的核心指标，而碾压层厚、碾压遍数、振动频次是碾压施工过程质量控制的关键控制指标。长期以来，传统的质量监控手段采用"人工测量碾压层厚、记录碾压遍数，碾压完成后组织抽样测试压实度"的方法，不仅工作效率低，耗费更多的时间和人力物力成本，而且无法全面评价碾压质量。

为了提升工程项目现场施工质量，提高水电工程施工效率，研发和推广一套可以在施工过程中对施工环节进行实时监测、智能导航、快速分析的方案，对施工过程中实际的工艺参数进行大数据分析、统计预警、智能导示，以替换低效率检测、违规施工等带来的质量问题和经济损失，因此需要一种无损、快速、准确的施工测控方法就显得尤为迫切和非常必要。

"碾压监控系统"是利用我国自行研发的北斗全球卫星定位系统，通过高精度差分定位技术及物联网传感技术，实现对碾压填筑施工过程的全方位数字化监控、动态分析与评价。

二、总体技术架构

碾压混凝土坝浇筑碾压质量实时监控系统由总控中心、现场分控站、GPS 基准站、GPS 加载终端和无线网络等部分组成，如图 4-29 所示。

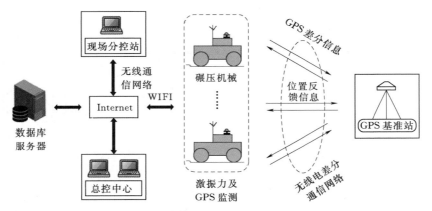

图 4-29 碾压监控系统总体技术架构

（一）机载终端

机载终端用于检测振动碾的空间位置和振动状态，包括安装于碾压机械上的高精度卫星定位接收机、振动状态监测设备、控制器。卫星定位接收机实时接收 GPS、北斗、GLONASS 卫星信号，并通过无线电差分网络获取定位基准站发来的差分信号，以 1Hz 频率进行，获得高精度的碾压机械空间位置数据。振动状态监测设备采用定时监测与动态监测相结合的方式，固定时间间隔（如 30s）且在碾压机械振动状态（碾压机振动档位电路信号）发生变化时，读取数字信号获得碾压机振动状态。控制器对采集到的碾压机械空间位置数据和振动状态数据进行处理，并通过现场 WIFI 网络传回总控中心。

（二）定位基准站

定位基准站是整个监测定位系统的"位置标准"，卫星定位接收机单点定位精度只能达到分米级，这显然无法满足施工质量精细化控制的要求。为了提高卫星定位接收机的定位精度，使用动态差分载波相位差分（Real-time Kinematic，简称 RTK）技术，利用已知的基准点坐标来修正实时获得的测量结果。在基准点上架设一台卫星定位接收机，通过无线电数据链，将基准点的定位观测数据和该点实际位置信息实时发送给流动站卫星定位接收机，与流动站的定位观测数据一起进行载波相位差分数据处理，计算得出高精度（厘米级）的流动站空间位置信息，以提高碾压机械的定位精度，满足碾压混凝土坝碾压质量控制的要求。

（三）总控中心

总控中心是碾压质量实时监控系统的核心组成部分，主要包括服务器系统、数据库系统、通信系统、安全备份系统以及实时监控应用系统等。总控中心通常设置在建设单位营地，配置高性能服务器、高性能图形工作站、高速内部网络、大功率 UPS、即时短信发送设备等，以实现对系统数据的有效管理和分析应用。其主要功能如下。

（1）接收各碾压机流动站的实时监测数据并存入数据库。

（2）原始监测数据和次生分析数据（含监控成果）的管理、维护与备份。

（3）系统软件的管理与维护，以及系统安全管理、用户权限管理等。

（4）碾压质量实时监控，包括碾压机械运行轨迹、行进速度、碾压遍数、碾压厚度以及振动状态等的监控。

（四）现场分控站

现场分控站设置在大坝施工现场或附近值班房，根据大坝施工进展调整分控站位置。现场分控站 24h 常驻质检人员和监理，便于监理人员在施工现场实时监控碾压质量。一旦出现质量偏差，可以在现场及时进行纠偏工作。分控站主要由通信网络设备、图形工作站监控终端、双向对讲机以及 UPS 设备等组成，主要功能如下。

（1）根据浇筑仓面规划，在系统中建立监控单元，并进行单元属性的配置和规划，设定碾压参数控制标准，包括速度上限、遍数、激振力、碾压厚度等。

（2）坝面碾压施工过程自动监控，实时监控碾压机行进速度、碾压轨迹、碾压厚度、碾压遍数、振动状态等。

（3）自动实时反馈坝面施工质量监控信息。

（4）根据反馈的碾压信息，发布仓面整改指令，进行纠偏。

（5）系统中发布结束单元监控指令，统计分析监控单元碾压质量。

（五）无线通信组网方案

为快速地把获取的监测数据传送到总控中心和现场监理分控站做后续的数据应用分析，需建设系统通信网络。可根据实际情况，采用无线电通信、GPRS 移动无线网络或 WIFI 相结合的技术方案，包括监控中心（总控中心和现场监理分控站）通信设施、高精度 GPS 基准站无线电差分网络和碾压车载无线传输网络三个组成部分。

三、功能结构及说明

碾压监控系统功能结构如图 4-30 所示。

（一）关键指标采集与监测

持续、动态、高精度地追踪测读碾压机械的运行轨迹、速度、振动状态及激振力等数据信息，监控机械的运行状态，能够有效分析压实合格率及压实薄弱区域，最终形成压实

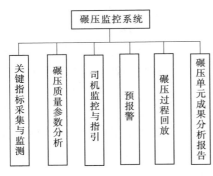

图 4-30 碾压监控系统功能结构图

质量报告。

（二）碾压质量参数分析

实现碾压遍数、压实厚度、错距、压实后高程等信息的自动计算和统计；实现速度、振动状态的时域分析及振动频域分析，连续评价碾压施工质量，确保碾压质量达标。

（三）司机监控与指引

通过工业平板，实时显示设备工作状态；图形化地展示预先设定的最佳碾压轨迹，实时碾压轨迹与碾压覆盖区域，引导碾压车依照导航路线进行碾压；了解实际碾压状况，避免漏碾或错碾。

（四）预报警

当运行速度、振动频率、碾压遍数等不达标时，系统自动向现场监理和施工人员发送报警信息。

（五）碾压过程回放

鉴于所有的监控数据都归档储存在后台数据库中，系统支持对已完成的碾压过程进行回放，作为施工效果的评价和分析评价的依据，系统还支持在虚拟现实场景下的碾压过程的三维显示。

（六）碾压单元成果分析报告

（1）根据不同的施工类型，设定需要分析的指标或参数。

（2）对上述指标进行分项分析，依据技术标准，得出分项合格结论。

（3）自定义报告模板，生成分析报告。

（4）施工单元基本参数、碾压设计参数、分析效果图、单项分析成果、分析结论。

四、硬件

硬件系统包含：北斗基准站、北斗移动站激振力传感器与采集器、工业平板、无线网络等组成。

（一）北斗移动站主要技术指标

（1）采集的压实速度偏差不大于 0.1km/h。

（2）采集的压实归集精度不大于 5cm（RMS）。

（3）车辆真实运行状态的时间误差不大于 3s。

（二）北斗基准站主要技术指标

（1）提供的差分信号定位精度误差不大于 5cm。

（2）基准站覆盖范围半径：局域 WIFI 不小于 25km。

（3）通信频段：GPRS/CDMA/3G、4G，其中 GPRS 不低于并行 12 通道，L1 波段（1575.42MHz），C/A 码（1.023MHz 码片速率）同时跟踪能力，可同时跟踪 12 颗以上卫星。

（4）从基准站到流动站信号延迟不大于 3s。

五、关键技术及原理

碾压混凝土坝碾压质量实时监控系统以碾压机械为监控对象，碾压质量过程控制指标中的碾压行进速度、碾压遍数、碾压厚度指标均为碾压机械运动的结果，通过碾压机械的三维坐标予以反映；振动状态指标则是碾压机的实时状态，通过碾压机内部电路的状态予以反映；激振力强弱一般是通过档位开关来确定的，有高档和低档、手动和自动、高频和低频进行组合控制，开关档位通过电压高低来触发。

选用北斗、GPS、GLONASS 三星差分定位技术实现对碾压行进速度、碾压遍数、碾压厚度指标的监控，并通过电平转换实现电子电路向数字信号的转换，继而实现对振动状态的监控。

（一）差分定位技术

北斗卫星导航系统、全球定位系统（Global Positioning System，简称 GPS）和全球卫星导航系统（Global Navigation Satellite System，简称 GLONASS）是使用卫星定位技术的典型。GPS 由美国国防部研制并交付民用，用户应用该系统可以在全球范围内实现全天候、连续、实时的三维导航定位和测速，并可实现高精度的时间传递与精密定位；GLONASS 是由苏联（现由俄罗斯）国防部研制并开设民用窗口，可以给全球海陆空以及近地空间的各种军、民用户全天候、连续地提供高精度的三维位置、三维速度和时间信息，在定位、测速及定时精度上则优于施加选择可用性（SA）之后的 GPS。北斗卫星导航系统是继全球定位系统、格洛纳斯卫星导航系统之后第三个成熟的卫星导航系统，目前已实现对亚太地区的覆盖，向亚太地区提供服务。

采用三星差分定位技术，即卫星信号接收机同时接受北斗、GPS、GLONASS 卫星信号。同传统的双星差分定位技术相比，采用三星差分定位技术搜索到的卫星数更多，卫星定位质量更可靠。丰满重建工程大坝浇筑区位于老坝下游 120m，坝区底部区域受到老坝遮挡，部分卫星信号失索，因而采用三星差分定位技术。

待测点卫星接收机接收 GPS、北斗、GLONASS 三种卫星定位信号，并接收由已知三维坐标的基准站通过无线电通信实时发送的改正数据，综合处理数据，排除各种影响因素，以获得精确的定位结果。载波相位差分将载波相位观测值通过数据链传到流动站（碾压机机载卫星定位设备），然后由流动站进行载波相位定位，其定位精度可达厘米级，满足碾压遍数与压实厚度监控的精度要求，并能适应较恶劣的定位条件。实地采用实时动态快速定位（Real Time Kinematics，RTK）技术进行监控，其特点是以载波相位为观测值的实时动态差分卫星定位，满足对碾压机械施工监控的实时、快速定位要求。

（二）SQL Server 数据库

SQL Server 数据库是美国 Microsoft 公司推出的一种关系型数据库系统。SQL Server 是一个可扩展的、高性能的、为分布式客户机/服务器（C/S）计算所设计的数据库管理系统，实现了与 Windows NT 的有机结合，提供了基于事务的企业级信息管理系统方案。其主要特点有：高性能设计，可充分利用 Windows NT 的优势；系统管理先进，支持 Windows 图形化管理工具，支持本地和远程的系统管理和配置；强大的事务处理功能，采用各种方法保证数据的完整性；支持对称多处理器结构、存储过程、ODBC，并具有自主的 SQL 语言。SQL Server 以其内置的数据复制功能、强大的管理工具、与 Internet 的紧密集成和开放的系统结构可满足海量监控数据存储的需要。

第八节 智能温控系统

一、概述

智能温控是丰满智慧管控平台中重要的专项系统之一。混凝土温控评价功能是在混凝土实时温控的基础上，阶段性地对温控过程及结果数据进行统计分析，以便发现规律性问题并及时改进。混凝土温控评价主要关注阶段性的气温变化、浇筑信息、机口温度信息、预警信息、入仓温度、浇筑温度、大坝内部温度、通水信息、仓面保温信息、顶面间歇期预警信息等。混凝土温控数据属于实时监控数据，随工程开展，时间变化，数据量急剧增长，做好监控数据的分析，将对后期施工温控非常有意义。

二、总体技术架构

智能监控系统的构成同人工智能类似，包括"感知""互联""控制"和"分析决策"四个部分。"感知"主要是对各关键要素的采集（自动采集和人工采集）。"互联"是通过信息化的手段实现多层次网络的通信，实现远程、异构的各种终端设备和软硬件资源的密切关联、互通和共享。"控制"包括人工干预和智能控制，其中人工干预主要是在智能分析、判断、决策的基础上形成预警、报警及反馈多种方案和措施的指令，根据指令进行人为干预；智能控制主要是自动化、智能化的温度、湿度、风速等小环境指标控制、混凝土养护和通水冷却调控。"分析决策"是整个系统的核心，通过学习、记忆、分析、判断、反演、预测，最终形成决策。"感知""互联"和"控制"相辅相成、相互依存，以"分析决策"为核心形成智能监控的统一整体，智能监控系统总体技术架构如图 4 - 31 所示。

"智能监控"系统包含了两个层次，"监"和"控"。"监"是通过感知、互联功能对影响温度控裂、防裂的施工各环节信息进行全面的检测、监测和把握；"控"则是对过程中影响温度的因素进行智能控制或人工干预。

图 4 - 32 为整个混凝土防裂智能监控系统的现场构成示意图，在混凝土施工的各个环节，包括拌和楼、浇筑仓面、通水冷却仓、混凝土表面等部位布置传感器，在坝区根据需要设置分控站，用以搜集相关信息并发出控制指令，对各环节中可能自动控制的量进行智能控制，各分控站通过无线传输的方式实现与总控室的信息交换，构成完整的监控系统。

智能温控系统的实施技术路线，包括子系统建设、系统集成及后期应用服务，系统实施阶段技术路线如图 4 - 33 所示。

（1）子系统的建设，包括坝区网络与硬件环境建设、施工质量监控系统建设、监测信息采集与控制系统建设、温控反馈分析系统建设、管理平台子系统建设。

（2）各个子系统的集成，最终形成统一的混凝土防裂动态智能温控系统管理平台。

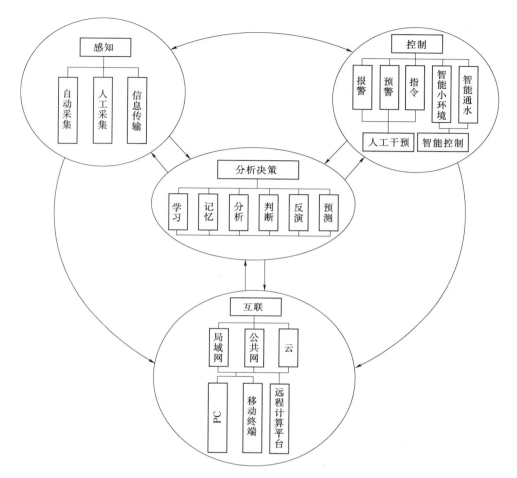

图 4-31 智能监控系统总体技术架构

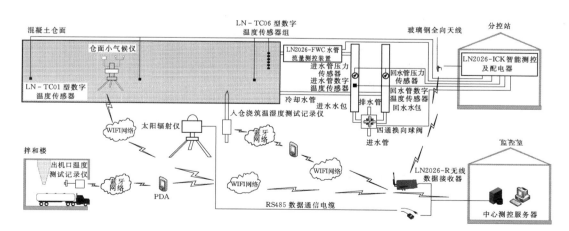

图 4-32 混凝土防裂智能监控系统现场构成示意图

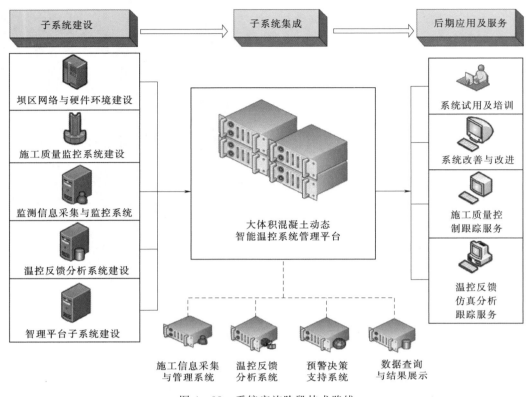

图 4 - 33　系统实施阶段技术路线

（3）后期应用及服务，包括系统使用及培训、系统完善与改进、施工质量跟踪控制、温控反馈仿真分析、智能通水控制等。

三、功能结构及说明

智能温控关键模型是整个温控系统的控制中枢，直接或间接获取的感知量，通过学习、记忆、分析、判断、反演、预测等，最终形成决策信息。关键模型主要包括理想温度过程线模型、温度和流量预测预报模型、温控效果评价模型、表面保温预测模型、开裂风险预测预警模型等。智能温控系统关键模型如图 4 - 34 所示。

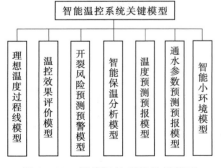

图 4 - 34　智能温控系统关键模型

（一）理想温度过程线模型

理想温度过程线模型是指在一定的温控标准下，考虑不同坝型特点和坝体不同分区，按照温度应力最小的原则，从温差分级、降温速率、空间梯度控制等因素考虑，针对不同的工程、不同的混凝土分区甚至针对每一仓混凝土制定的个性化温度控制曲线。

（二）温控效果评价模型

该模型将理想温度过程和实际温控结果进行

156

对比，通过有限的 8 张表格和 12 张图形直观、实时、全面地定量评价温控的施工质量。

（三）开裂风险预测预警模型

该模型基于实测温度和梯度过程、预测的温度过程及温差信息，就混凝土开裂风险指标进行评价与预警。

（四）智能保温分析模型

该模型基于天气预报、寒潮信息、实测温度等信息，实现保温参数的自动计算，提出保温的建议。

（五）温度预测预报模型

该模型可以预测未来温度变化，包含内部发热、表面散热、相邻块传热、通水带热等因子，利用监测数据进行自学习和自修正，模型预测平均精度可以达到 0.1℃以内。

（六）通水参数预测预报模型

根据实测温度过程、个性化温控曲线、预测温度，基于仿真模型就通水参数（流量、水温、流向）进行预测预报。

（七）智能小环境模型

该模型根据仓面温度、湿度、风速、风向、机口温度、入仓温度等实测信息，实现仓面所需小环境的自动计算，给出仓面喷雾的建议。

上述 7 个模型是智能监控的核心，通过这些模型可以对当前温度控制状态进行评价，对下一步措施、参数提出决策。

四、硬件

（一）LN2026–TK 型智能数字温度流量测控单元

LN2026–TK 型智能数字温度流量测控单元是大体积混凝土防裂动态智能温控系统的核心设备，是北京木联能工程科技有限公司及中国水利水电科学研究院自主研发的一款集高精度的数字测温技术、可靠的流量测量以及控制技术为一体的测量控制单元，具备结构简单、安装方便、测温精度高、流量测控可靠性好、数据无线和有线传输兼容等诸多技术优点。

（二）LN2026–FMC 型水管流量测控装置

LN2026–FMC 型水管流量测控装置是大体积混凝土智能通水温控系统冷却水流量测量控制的关键设备，由流量计与电磁阀组成，可以对冷却水的流量进行测量，并根据上位机的指令进行控制。

（三）数字温度传感器

LN–TC 系列数字温度传感器选用了一种先进的高精度数字温度芯片作为感温元件。该芯片为单总线式器件，具有体积小巧、温度响应速度快、温度分辨率高、温度测量精度高、数字信号传输、抗干扰能力强、支持多点组网功能等诸多优点。

与传统的分立式温度传感器不同的是，它是将被测量的温度值直接转化成串行数字信号，通过微处理器即可直接读出被测量的温度数据。该数字芯片应用于温度测控系统中，将大大简化线路结构和减少硬件开销，使系统结构更加简单，工作稳定，测温精度高，维护方便，安全可靠性更高。

（四）LN－TCA01 数字温度传感器

LN－TCTCA01 其性能特点同上，为 LN－TC 系列数字温度传感器之一，主要用于通水水温的测量。

（五）数字温度传感器组

LN－TC06－Ⅰ型数字温度传感器组和 LN－TC06－Ⅱ型数字温度传感器组均为 6 点测温传感器，区别是传感器的间距不一致，尺寸参数单位为厘米（可以根据现场需求定制其他尺寸）。这两个型号的数字温度传感器组主要用于大体积混凝土温度梯度的测量。

（六）混凝土入仓浇筑温湿度测试记录仪（配温度、湿度探头）

LN2026－TM 型混凝土入仓浇筑温湿度测试记录仪是专为入仓浇筑混凝土测试设计的结构牢固、热响应速度快的仪器。将数字温度传感器插入到混凝土中，由其计算出温度值，并通过单总线技术传送给 LN2026－TM 型混凝土入仓浇筑温湿度测试记录仪。此外，在测试记录仪面板上安装有数字温度、湿度探头，将测量得到的大坝仓面现场环境温度、湿度信息传送给 LN2026－TM 型混凝土入仓浇筑温湿度测试记录仪，并由人工输入仓位、高程等信息或者由内置在测试记录仪内部的 GPS 定位模块获取仓位、高程等信息，然后通过 WIFI、ZigBee 或者 GSM/GPRS 等无线通信方式传输到控制室的中心数据库中。中心数据库收到信息验证后，给仪器发出确认收到指令。

（七）无线中继

LN2026－J 型无线中继路由器和 LN2026－R 型无线数据接收器都是加强型的 ZigBee 模块，集成了符合 ZigBee 协议标准的射频收发器和微处理器。它具有通信距离远、抗干扰能力强、组网灵活等优点和特性；可实现一点对多点及多点对多点之间的设备间数据的透明传输；可组成星型和 MESH 型的网状网络结构。

LN2026－J 型无线中继路由器和 LN2026－R 型无线数据接收器在硬件结构上是完全一致的，只是设备参数配置不同。中继路由器负责数据的中继转发；无线数据接收器负责网络的发起组织、网络维护和管理功能。

（八）动态温控专用信号传输电缆

导线芯数：10 芯；绝缘标称厚度不小于 0.4mm；护套标称厚度不小于 2mm；电线最大外径：Φ10mm；导电线芯直流电阻在 20℃环境条件下应不大于 90Ω/km；为便于接线，电缆芯数要不同颜色对绞。

（九）营地计算平台

丰满重建工程中心计算平台选用戴尔 R520 机架式服务器，其具体技术指标如下。

处理器：英特尔®至强®处理器 E5－2400 产品系列。

处理器插槽数：2 个。

内部互连：英特尔 QuickPath 互连（QPI）链接：7.2GT/s；8.0GT/s。

高速缓存：每核心 2.5MB。

核心数量选项：4、6、8。

操作系统：Microsoft® Windows Server® 2012。

虚拟化选项：Citrix® XenServer®。

芯片组选项：英特尔 C600 系列。

内存选项：最高 192GB（12 个 DIMM 插槽）。

最大内部存储：高达 32TB。

嵌入式网卡：Broadcom® 5720 双端口 1GB。

1GB 以太网：Broadcom® 5720 双端口 1GB 网卡。

电源：钛金级高能效热插拔冗余电源（750W）。

五、关键技术及原理

全过程智能温控包括智能拌和、智能仓面、智能通水及智能保温四大部分，且四大部分相互关联，实现混凝土坝防裂的全过程智能化。

（一）智能拌和

以最高温度为目标，以自机口到温峰的控温措施、热量进出为条件，优化机口温度拌和参数，对拌和楼进行智能控制及预警。基于视频监控、红外测温、灰尘自动处理技术，研发了适应恶劣环境的非接触式测温装置，研发了拌和参数预测模型及软件系统，实现了拌和参数的自动测控。

（二）智能仓面

针对高温季节施工问题，根据实时监测的环境温度、仓面小气候及混凝土温度，实现仓面参数的自动测控，控制浇筑温度。课题组针对传统喷雾方式存在的问题，发明了水气二相流智能喷雾成套技术及方法，最大雾化颗粒小于 $30\mu m$，该系统与模板结合，备仓同时该系统可同步形成，不影响施工。监测资料表明：该技术可有效降低仓面小气候 10℃以上，与常规喷雾方式相比浇筑温度降低 2℃。

（三）智能通水

智能通水是以混凝土温度应力过程最优为目标确定降温控温曲线，通水智能调节通水参数（流量、流向）使实际温度过程与给定曲线吻合。2014 年自混凝土开始浇筑，智能通水在全坝获得应用，实现了通水流量的智能调控，效果良好。

（四）智能保温

混凝土裂缝大多发生在表面，保温是防止该类裂缝的主要手段，根据埋设的温度、温度梯度观测结果和天气预报，以允许内外温差为目标，及时对可能超标的部位提出预警以提醒采取措施。

（1）针对高寒地区越冬保温停歇问题提出了基于人工降雪的混凝土越冬保温计算方法，分析模型及监测成套技术，降雪后监测混凝土表面温度 0℃，日最低温度为 −25.18℃；混凝土内部温度 10℃以上，可节省保温费用 1466 万元。

（2）针对混凝土 2014 年、2015 年、2016 年三年越冬盖被揭被问题，形成了保温盖被及揭被动态跟踪反演及实时监控技术。采用该技术连续三年出版专题报告 6 本，为混凝土安全过冬提供了技术支撑。

第九节　灌浆监控系统

一、概述

丰满重建工程大坝的坝址区位于第二松花江中游丰满峡谷口处，坝基范围内均为变质砾岩，部分坝基段分布断层。坝基分布的断层多与坝轴线大角度相交，且倾角较陡，裂隙张开，多为钙质及硅质充填。目前在工程上，评价灌浆质量和防渗效果的方法多样。压水试验法是最普遍使用的方法，但该方法有其局限性，特别是在充泥地层中，试验水压力若不足以穿透黏土充填物时，其渗漏系数很小，甚至为零，而当压力超过某一极限值后，充填物将被穿透而发生大量渗漏。

针对电站地质情况，为有效避免灌浆质量问题和解决防渗效果差等难题，通过建立大坝基岩灌浆智能信息化系统，对大坝固结灌浆、帷幕灌浆等环节进行有效监控，在确保规范规定的检测项目的前提下，建立质量和进度动态实时控制及预警机制，结合物探检测与仿真模拟手段实时评价并展示灌浆三维效果，实现对施工方案和措施的及时调整与优化，确保丰满水电站灌浆质量和进度始终处于受控状态，为灌浆工程决策与管理提供信息应用和平台支撑，从而实现灌浆施工信息的高效集成。通过该系统的建设，能够做到对基岩灌浆工作形态"可知""可控""可调"，有效提升丰满基岩灌浆管理的管理水平，实现工程建设的创新化管理，为打造优质精品工程提供强有力的技术保障。

二、总体技术架构

大坝灌浆系统总体架构参照灌浆施工过程业务流程图（图2-9）。

三、功能结构及说明

大坝基岩灌浆监控系统可通过一体化平台登录访问，用户账号包括"用户名/工号"和"登录密码"。工号是由系统管理员根据系统相关使用规则编制而成。输入账号和登录密码，即可登录系统。从一体化平台登录以后，就进入子系统导航界面，通过点击导航界面中的"大坝基岩灌浆监控系统"进入"大坝基岩灌浆监控系统"。

登录平台后，进入子系统导航界面，点击子系统导航图标，若有子系统访问权限，则可进入子系统进行访问；大坝基岩灌浆监控系统模块下分为5个子模块，即灌浆准备、灌浆设计、灌浆施工、质量管理、综合查询管理，如图4-35所示。

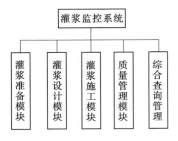

图4-35　灌浆监控系统功能结构图

（一）灌浆准备模块

灌浆准备主要是指灌浆施工的前期准备，包括方案设计、设备设施等资源准备，以及现场的开工条件准备等。灌浆准备即对灌浆申请进行管理。灌浆申请主要包括对"灌浆单元工程开工证"和"灌浆工程单元准灌证"的管理。灌浆申请流程如下。

（1）承包商在系统中根据需要填写开工申请。

（2）填写完毕后，通过系统打印出灌浆单元工程开工证、灌浆工程单元准灌证，手工签字后，提交监理审核。

（3）监理单位手工签字确认，并在系统中进行复核签字。

"灌浆单元工程开工证"管理：对灌浆工程开工的事前准备工作进行检查，包括方案设计、设备设施、资源准备、开工条件等准备情况，记录检查的信息，提交给监理审核通过后，进行灌浆工程施工。

"灌浆工程单元准灌证"管理：在灌浆前对人员、设备、仪表及孔位布置等情况进行检查，满足灌浆前各种施工与技术要求。在一个灌区开灌前，质检人员对灌浆设备是否完好、计量仪器是否经过校验、灌浆缝的清洗情况等进行检查，若检查合格，签发准灌证，否则应按检查意见进行处理。

帷幕灌浆申请功能页面主要提供灌浆单元开工证及准灌证的新增操作，以及实现对已有的开工证及准灌证进行删除、审核、查询、数据维护等功能；新增开工证或准灌证申请功能；选择"灌浆单元工程开工证""灌浆工程单元准灌证"的功能。

由于存在同一坝段分固结灌浆、接触灌浆及帷幕灌浆等多种灌浆的情况，同一坝段会有多张准灌证及一张开工证。在系统中可以根据表单创建时间、表单内的申请日期、检查日期区别各次灌浆施工所相对应的表单。对于已存在的表单，则可以分别对表单进行删除、审核及查询。要特别注意的是，审核后的表单内容将不允许修改；系统未提供新增并保存内容后表单的即时刷新功能，此项刷新功能可以通过点击查询按钮来进行。审核后的页面内表单行将出现审核人的信息及审核时间。对于已审核的表单，具有取消审核权限的用户可以进行取消审核操作；取消审核后，表单中的内容将被允许修改、再次审核。

（二）灌浆设计模块

在灌浆施工正式开始前，施工方综合现场生产性试验的成果，可组织对灌浆方案进行设计。其主要内容包括：钻孔和灌浆工程的施工平面布置图（灌浆部位、施工布置、钻孔分序与编号等）；钻孔和灌浆的材料和设备；钻孔和灌浆的程序和工艺；灌浆试验大纲；浆材的适用性、浆液配比及开灌水灰比；钻孔和灌浆的质量保证措施；钻孔和灌浆的施工人员配备；施工进度计划等；抬动变形观测方法、钻孔测斜及灌浆计量设备（包括测斜仪、自动记录仪、压力表比重秤等的规格型号、性能、生产厂家）；施工安全与环境保护措施。灌浆设计包括灌浆单元设计和灌区仓面设计。

其中，灌浆设计关键设计参数如下。

（1）抬动最大允许值：一般结构物规定抬动变形允许值为不大于 $200\mu m$。

（2）孔位布置图：帷幕灌浆孔位设计，一方面要考虑灌浆设计对分区、孔距等的要求；另一方面也需要考虑仓面中的埋件与仪器（如冷却水管、温度计等）的布置情况，以避免互相干涉、破坏埋件与仪器。根据仓面埋件的布置情况，对标准的孔位进行适当的调整，孔位布置界面可见各仓埋设的冷却水管布置，单元帷幕灌浆为有盖重帷幕灌浆，灌浆孔将穿过多个浇筑层。

（3）分区类型：不同类型的孔径、孔深如表 4-1 所示。

表 4-1   不同类型的孔径、孔深表

类型	最小孔径/mm	孔深度/m
A	80	25
B	76	20
C	76	15

（4）孔信息：孔类型、总数量、总长度（延米），如表 4-2 所示。

表 4-2   不同孔类型参数表

类型	孔数	压水方法	灌浆方法	总长度/m
灌前物探孔	12	单点压水	自下而上	250
灌浆孔	193	简单压水	自下而上	3020
抬动孔	3			75

（5）施工措施、设备投入情况、灌浆方法、总工期等。

1. 灌浆单元

灌浆单元：根据施工规则、施工工艺要求对灌浆单元进行定义。灌浆单元（灌区）是对灌浆工程进度、质量、施工进行组织的基本单元。灌浆单元定义页面是各灌浆单元的基础信息，此信息将会被其他功能点所引用，进而对该灌浆单元的数据进行统计分析。与大坝混凝土浇筑不同，在丰满大坝帷幕灌浆工程中坝段和灌浆单元间存在着对应关系，并且单元工程是以坝段而不以仓号来进行划分的。为了数据维护和处理的需要，系统在不同的合同标段间进行了数据权限的控制，即各施工单位人员只能查看和维护其合同标段下的数据。

灌浆单元定义页面主要提供灌浆单元的新增和保存功能，对已有灌浆单元的删除和查询功能，对灌浆分区的新增和保存功能，对已有的灌浆分区进行删除及孔位定义等功能。在灌浆单元界面内，可选取灌浆单元明细界面，该界面中包含灌浆单元分区信息。

在灌浆单元明细界面中，可以对灌浆单元明细界面中的数据进行保存，并同步显示到灌浆单元界面中，也可以实现对灌浆单元的有条件删除功能，即当存在灌浆分区定义的情况时，不允许删除灌浆单元；在灌浆单元明细界面中，灌浆单元分区可以进行灌浆分区设计及孔位定义。

实现孔位定义的方法是：首先定义控制点。系统默认有八个控制点，而在实际施工过程中单个灌浆单元会存在多个控制点，所以此处可根据具体情况选择八个控制点并对其进行定义。根据实际数据修改控制点的信息、定义孔位的控制点坐标及编码，同时可以修改或选择视图角度，以达到最佳的视图效果。

在灌浆单元明细界面中，可以实现对于灌浆分区信息的保存或删除功能。对于已存在孔位定义的灌浆分区，不允许进行级联删除操作。通过孔位定义，可显示灌浆孔位管理页面。

通过灌浆孔位管理页面，可实现在灌浆分区中定义的不同分区间的切换功能。系统默认显示为进入此页面时所选择的灌浆分区；可以实现孔位布置图的全图显示功能，即刷新

至当前页面的初始状态；可以实现主界面中不同孔间的独立及区域选择功能；可以实现主界面中单个孔的位置移动功能；实现创建灌浆孔类型的选择，供选择的孔类型有Ⅰ序孔、Ⅱ序孔、Ⅲ序孔、Ⅳ序孔、抬动观测孔、灌前物探孔、灌后检查孔。需要注意的是，系统提供连续创建所选择类型孔的功能，可以连续创建Ⅱ序孔。如要停止继续创建该类型孔，则停止选择"继续创建"该类型的孔；可以实现主界面中对于选择的单个孔位或区域孔位的删除功能；可以实现对于选中的单个孔或多个孔进行岩体定义的功能；可以实现主界面中孔位定义信息的保存功能；可以依次实现属性信息按分类顺序显示和按字母顺序显示的功能；可以实现主界面中孔位的批量生成功能。

要批量生成孔，首先定义布孔数量，即灌浆分区内孔的列数（排数）和行数；选择灌浆孔所在部位，即从所在分区的下拉菜单中选择已定义的灌浆分区；然后定位孔序布置，即首排孔序，当定义了首排孔序后，系统可以根据灌浆工程孔位布置的通用规则自动生成所创建孔的孔序，即对每行的第一个孔：Ⅰ序和Ⅱ序间隔配置；行内布置时，如果首个孔为Ⅰ序，则Ⅰ序与Ⅱ序间隔，否则为Ⅱ序与Ⅲ序间隔；目前首序孔可以为Ⅲ序，也要求能够为Ⅲ序，因为灌浆单元分区时，批量创建可能为Ⅲ序。具体单个孔的孔序可以在此页面单独调整或在定义页面中调整，且当前首孔位于控制点C处。定义控制点坐标，即控制点A、B、C，其中控制点A为首排首列控制点，控制点B为末排首列控制点，控制点C为末排末列控制点。具体定义可以在右侧导航界面中直接输入具体坐标，或在批量生成孔主界面中对其拖动，再精确定义具体坐标。需要注意的是，此处有部分控制信息为批量生成孔的默认信息，即空间布置中的顶角、方位角、孔径、孔深和孔口高程，此时正确填写该类控制信息有助于减少后期调整的工作量。

选择已按规定格式整理好的Excel文件，Excel中的数据会自动填充到弹出的列表中。对于单个孔的调整，可以参考创建单个孔的过程：选择孔、修改或完善孔位基础信息、直接保存即可。

说明：

（1）如果孔的格式不对，该行就会呈红色，提示用户数据格式有误，并且前面的单选框会消失。当用户数据修改正确后，就会显示正常。如果数据不修改，则该孔不会导入。

（2）如果当前单元已包含孔，则需在"更新"列中显示单选框，反之，则需在"新增"列显示。

（3）界面最下方是提示信息：错误是指孔的格式完全错误，警告是指孔序书写不规范、分区不存在等之类的信息。

在批量生成灌浆孔的页面中，滑动鼠标滑轮可以对视图进行缩放，点击鼠标右键，有相应的可选控制条件，其中各选项可以实现相应的控制功能。

2. 灌区仓面设计

灌区仓面设计：对灌区仓面工艺设计进行说明，并制定相应人员、设备投入计划。根据项目的招投标文件、施工承包合同及其他补充协议、施工设计图纸及设计技术文件，制定灌区仓面设计工艺图。根据帷幕灌浆施工需要，安排灌浆机组、钻孔机组、制浆机组、排架搭设机组、综合机组以及设备投入信息。

灌区仓面设计功能页面主要提供灌区仓面设计的新增和对已有灌区仓面设计进行编

辑、删除、查询等功能。由于灌浆施工与混凝土浇筑施工交错进行，所以存在同一灌浆单元分多次灌浆的情况。按实际灌浆施工的需要，每次灌浆施工开始前都需做一次灌区仓面设计，并开始灌区设计，同时启动灌区设计的工作流。

可修改任务名称，系统默认任务启动人为当前用户，通过进入灌区查询页面，选择完成状态为未开始或已开始的灌浆单元。

其中单据编码由系统自动生成，其生成规则为 B8 -相应灌浆单元 WBSCODE - YYM-MDD -序号。在灌区设计页面中录入相应灌区设计数据（可以参考仓面设计中数据录入的相关说明），同时此页面的工具栏中便有打印、保存、提交审核、查看历史等功能。对于已保存的灌区设计及后续任务办理，可以在任务管理模块中查询。

在灌区仓面设计界面中，可实现对处于"编辑中"状态的灌区设计级联删除功能，也可以实现对不同灌区仓面设计状态及单据编码的查询功能。

（三）灌浆施工模块

灌浆系隐蔽工程，施工单位需要及时、准确地做好钻孔记录、测斜记录、钻孔冲洗及裂隙冲洗记录、压水试验记录、灌浆记录、抬动变形观测记录、制浆记录、现场浆液试验记录等施工记录；对各项原始记录、施工中发生的事故、揭露的地质问题、损坏或影响监测设施的情况以及打断（坏）冷却水管、锚索、锚杆等情况均应做好详细记录，并在记录灌浆原始资料数据后及时进行整理、分析。

灌浆施工过程的记录，包括钻孔与测斜记录、钻孔冲洗及裂隙冲洗记录、压水试验和简易压水记录、制浆记录、灌浆记录（人工记录的纸质文件和自动记录的电子文件）、抬动和变形观测记录、现场浆液试验记录及现场照片等信息。灌浆施工过程管理主要包括施工过程管理、灌浆记录部位转换、施工工序管理、灌浆记录孔位转换。

1. 灌浆施工过程管理

灌浆施工过程管理的目的：记录灌浆工程施工过程中的抬动情况、现场异常情况及现场资源情况。

（1）抬动观测。灌浆抬动观测是灌浆工程质量过程控制的重要手段之一。通过设计要求，在灌浆工程（单元）中，需要设计并布置一个或多个抬动观测孔，通过抬动观测孔进行抬动观测。传统的抬动观测使用千分表，人工读数；而目前比较先进的方法，可以采用数字化的记录仪对抬动数据进行自动观测。丰满大坝工程的抬动检测数据则通过抬动自动记录仪器自动采集。该系统需要实现数据接口，可定期获取抬动检测数据。

（2）现场异常与特殊情况记录。灌浆工程属于隐蔽工程，在灌浆施工过程中，由于受各种不确定因素或现场条件的影响，会出现各种异常状况或特殊情况，需要对这些异常情况进行记录和维护管理，需要记录发生的日期、班次、时间，所在的孔、段信息，以及相关事件描述。

1）现场异常情况包括：①卡钻：时间、部位、描述；②打断埋件、仪器（含冷却水管、其他检测仪器等）；③抬动异常：时间、部位（作业孔、段、观测孔）、描述；④其他异常情况。

2）特殊情况包括：①冒浆；②灌浆中断；③断层带；④孔间串浆；⑤大耗浆段；⑥回浆变浓。

（3）现场资源投入情况：灌浆施工资源投入管理，主要用来日常记录每个班次的资源投入情况，包括主要的设备与人员投入情况，管理与灌浆工程相关的重要或大型的设备，包括钻机与制浆设备、灌浆设备等。

灌浆施工资源投入与混凝土浇筑盯仓记录的资源投入类似，主要包括设备的投入量及人员的投入量，重点设备的管理要登记到人。

灌浆设备包括：钻孔设备、制浆设备、灌浆设备、自动记录仪、抬动观测设备等。

灌浆施工过程管理页面主要提供灌浆施工数据明细的编辑功能，当对不同的查询条件进行组合，可以实现相应的查询功能。选择相应记录日期及班次后，便进入灌浆施工数据明细编辑页面，可以浏览或新增灌浆施工数据明细。

对于现场资源数据，可以选择数据记录类型，再添加相应数据后保存即可。在灌浆施工数据明细编辑页面中，滑动鼠标滑轮可以对视图进行缩放，并有相应的可选控制工具，可实现相应的控制功能。

在现场施工过程中，由于记录员失误或各记录员操作习惯的不同，在灌浆记录仪导出的数据中会存在一定的垃圾数据，这些数据是不能在系统中进行匹配的，需要对其进行处理。通过系统则可以在灌浆单元匹配页面中对其置为垃圾数据，然后保存。该垃圾数据将不会在界面上显示。如果需要显示垃圾数据，只需选择即可。

2. 灌浆施工工序管理

灌浆施工工序管理：记录灌浆工程的施工工序信息。灌浆施工工序包括钻孔、冲洗、压水试验、制浆与灌浆、封孔。

（1）钻孔。钻孔是灌浆工程的重要工序。在钻孔工序施工阶段，需要以孔为单位统计每班的钻孔进尺（进度）信息，包括起止时间、工作内容、钻头情况、钻孔进尺情况。钻孔一般使用地质钻机与潜孔钻机两种，需要注意的是，抬动观测孔、灌前物探孔的钻孔施工，是在仓面设计及开灌证之前进行的。

（2）冲洗。灌浆工程钻孔裂隙冲洗记录主要用来记录孔冲洗的时间及流量、压力、回水等信息。

1）钻孔冲洗：每段钻孔结束即用大流量水流将孔内岩粉等物冲出，直至回水澄清后10min为止；孔底残留物的厚度不得大于20cm。

2）裂隙冲洗：接触段必须进行裂隙冲洗；单孔用压力水脉冲方式冲洗，串通孔用风水轮换冲洗；水压一般采用80%的灌浆压力，但不超过1MPa；风压采用50%的灌浆压力，但不超过0.5MPa；冲洗至回水澄清后10min为止，且总时间不少于30min，串通孔不少于2h。

3）冲洗后24h内必须进行灌浆，否则应重新进行冲洗。当邻近有正在灌浆的孔或邻近灌浆孔灌浆结束不足24h时，不得进行冲洗。冲孔用风必须经过油水分离器过滤。

（3）压水试验。压水试验分为单点法压水与简易压水两种模式。压水压力一般为灌浆压力的80%，且不大于1MPa。压水试验需要对压水试验的单元部位、孔信息（编号、孔序、高程、排序、段次等）、地下水水位、涌水压力、试验开始与结束时间，以及定期采集的压力、流入率、吕容值、流压比等信息进行记录。自动灌浆记录仪中可以对这些信息进行自动采集，系统需要实现数据采集接口，定期将压水试验数据同步到大坝施工管理信息系统中。

1）单点法压水是指在稳定压力下每 5min 测读一次压入流量，连续 4 次读数中的最大值与最小值之差小于最终值的 10％，或最大值与最小值之差小于 1L/min 时即可结束，并取最终值作为计算岩体透水率 q 值的计算值。此法适用于检查孔、物探孔、先导孔及其他要求采用单点法压水的灌浆孔。

2）简易压水是指在稳定压力下压水 20min，每 5min 测读一次压入流量，取最终值作为计算岩体透水率 q 值的计算值。适用一般帷幕灌浆孔。

（4）制浆与灌浆。制浆与灌浆是灌浆工程的核心工序。目前丰满工程的制浆与灌浆施工采用湖南维诺公司生产的一机两孔式（三参数大循环）灌浆系统，并配套有 NW2005-Ⅵ灌浆压水监测系统。

（5）封孔。封孔有无压封孔与有压封孔两种。大部分封孔采用灌浆设备封孔，自动灌浆记录仪器中会有相关记录；也可能使用人工封孔的方法，系统需要记录的数据内容与灌浆阶段一致。

灌浆施工工序管理主要提供灌浆施工工序数据的编辑功能。通过选择导航栏中的施工单元，可以对视图进行缩放，并有相应的可选控制工具。各选项可以实现相应的控制功能。通过视图与导出参数配置，可显示页面的参数设置和导出 CAD 参数设置，视图旋转角度功能可以调整当前页面的视图角度。由于系统数据权限控制的需要，施工单位只能维护其合同标段内的数据。

在灌浆单元页面中，可选择任意孔位，或在查找栏中输入孔名称（系统支持模糊查询，即根据输入的孔名称进行模糊匹配，列出名称相似的孔供选择，选择后该孔将会在孔布置图上出现）。

编辑灌浆工序明细记录信息的方法：选择灌浆施工孔位，确定施工工序类型（钻孔、冲洗、压水、灌浆、封孔），编辑数据后保存，并进行审核。审核后数据不允许进行修改，具有权限的用户可以对已审核的记录打回，修改后可再次审核。需要注意的是，审核后数据将被综合统计取用，在数据不完整的情况下尽量不要进行审核。

在灌浆工程实际施工过程中，存在为避免损坏埋件、仪器而改变孔基础信息的情况，如钻孔的孔位坐标、混凝土厚度、孔序等。施工工序管理提供与灌浆单元定义部分相同的功能，即在钻孔施工工序页面中可修改孔的基本信息。

有时，由于混凝土已达到最大龄期而必须进行上层混凝土浇筑，或者混凝土产生裂缝强行停止灌浆而退场等原因，部分孔没有灌浆完成。等到下次进场灌浆时，混凝土覆盖厚度已经发生改变。混凝土厚度：①表示第一次灌浆没有完成的孔，第一次进场时的混凝土厚度；②表示同一孔第二次灌浆进场时的混凝土厚度。

3. 灌浆施工成果管理

灌浆施工成果管理主要提供灌浆施工数据的添加和修改，即灌浆成果的维护。与施工过程管理和施工工序管理所不同的是，此子模块对于灌浆成果（即灌浆施工数据）的维护更有针对性。由于用户在该页面修改或新增数据后，一旦没有进行数据的确认，可能导致工序数据审核后，将错误的数据更新到成果整理中，而导致数据错误。因此，系统不提倡在此处添加和修改灌浆施工数据。目前系统此模块只提供灌浆成果数据的查询功能，添加和修改灌浆施工数据可以到施工过程管理和施工工序管理模块中实现。该页面主要实现的是灌浆成果管理（即灌浆成果）的维护。

在灌浆成果整理页面中，滑动鼠标滑轮可以对视图进行缩放，点击鼠标右键则有相应的可选控制工具，可以实现相应的控制功能。选中灌浆单元，选择施工孔号，可以对灌浆成果数据进行整理维护，对维护好的数据直接点击保存按钮进行保存即可。

4. 灌浆记录数据导入

当前施工环境中，大量采用自动灌浆记录仪实现灌浆过程数据的自动记录。灌浆记录导入程序就是为了实现将自动灌浆记录仪的数据导入到大坝信息系统中。由于自动灌浆程序定义单元和孔位与大坝信息系统定义的数据不尽相同，在导入数据后需要对灌浆单元与灌浆孔进行匹配操作。

灌浆记录导入程序分为在线导入程序和离线导入程序两种。

（1）在线灌浆记录导入。在线灌浆记录导入是安装在自动灌浆记录仪上，通过实时在线的网络将灌浆过程数据自动导入到 HDCES 大坝信息系统中。导入程序安装后，会在系统桌面和程序菜单中添加名为"Ins 自动导入服务"的程序快捷方式，同时程序会自动注册为系统服务，随系统开机自动运行。在系统任务栏中会出现导入程序图标，点击右键选择打开管理器，会出现任务管理器，其中就有灌浆记录导入服务。进入导入服务的配置界面，在 HDCES 系统中定义的灌浆机组信息中，可以修改机组标识，并设置其与自动灌浆记录仪的数据库连接。通过手动导入可以导入该机组自上次导入数据以来新增的数据，同时，程序也同时支持无人操作的自动导入，只需设置启动运行参数即可。

（2）离线灌浆记录导入。离线灌浆记录导入程序可实现对灌浆记录仪设备灌浆记录的离线导入功能，此功能主要是为了满足灌浆记录仪无法实时联通网络的情况下的记录导入需求。现场工作人员利用 U 盘安装此程序后，可以将多个灌浆记录仪数据离线导出为与大坝施工管理系统数据库相匹配的数据库文件，然后将 U 盘插在能够连接 HDCES 局域网的电脑上执行导入，就可将导出数据文件导入到 HDCES 信息系统中。

该操作需要连接 HDCES 系统服务器，需要网络支持。当用户进入灌浆记录离线导入服务，便显示灌浆记录离线导入服务的主界面，且默认为离线数据导出模式，选择后进入显示导出配置界面。导入采用文件目录监视方式，即对监视目录下的所有数据库文件（.mdb）都进行数据导入。数据导入后，会将数据库文件拷贝到监视目录下的 Backup 文件夹下，同时记录表字段导出置为 1，以防一个文件多次导入的情况。数据导入功能支持自动运行。

（四）质量管理模块

灌浆质量管理主要包括灌浆工程质量管理、灌浆工程质量验收和灌浆质量检查成果等几方面内容。灌浆质量管理模块主要实现质量检查和工程质量验收的功能，即质量检查中对其进行综合描述。

（1）质量检查。根据大坝固结与帷幕灌浆施工技术要求，灌浆质量检查包括以下内容：

1）灌浆质量检查采用测量岩体波速，并结合钻孔压水试验、灌浆前后物探成果、有关灌浆施工资料以及结合钻孔取芯资料等进行综合评定。

2）岩体波速测试，应在该部位灌浆结束 14 天后进行。检查孔的数量不应少于灌浆孔总数的 10%，一个单元工程内至少应布置一个检查孔。

3）钻孔压水试验，应在该部位灌浆结束后 14 天后进行压水试验。检查孔的数量不应少于灌浆孔总数的 10%，一个单元工程内至少应布置一个检查孔，坝体混凝土与基岩接触段的透水合格率应为 100%，其余各段的合格率应不小于 90%，不合格孔段的透水率不超过设计规定的 150%，且不合格孔段的分布不集中。

（2）工程质量验收。每个单元灌浆工程施工结束后，承包人应按施工招投标文件、合同文件和相应的规程规范要求，组织单元工程质量评定，监理单位认证质量等级。各种钻孔灌浆记录应及时报现场监理工程师签字，作为灌浆工程的计量依据。

承包人应为钻孔灌浆工程的完工验收提交以下资料。

1）竣工资料和竣工报告，包括有关原始资料。成果资料、工程质量检查报告、工程竣工报告以及技术总结等。

2）钻孔灌浆工程的竣工图纸。

3）灌浆综合成果，包括：单孔灌浆单耗资料、各次序孔灌浆成果表及平均单耗、检查孔灌浆单耗和压水试验成果表、各次序孔透水率频率曲线和频率累计曲线图、各次序孔单位注灰量频率曲线和频率累积曲线图等。

4）钻孔岩芯取样试验的岩芯实物、柱状图和照片资料等。

5）质量检查和质量事故报告。

6）监理工程师要求提供的其他完工验收资料。

（3）灌浆质量检查的成果，最终形成《灌浆工程终孔验收记录表》和《灌浆工程单元工程质量评定表》。

1. 物探检测管理

物探检测通过对帷幕灌浆的效果进行各种测试，分析孔壁岩体裂隙状况及灌浆效果。在帷幕灌浆中，主要使用单孔声波、对穿声波、全孔壁电视成像、钻孔变形模量测试及综合测井等检测帷幕灌浆效果。发布物探成果及综合分析结果，以便相关人员快速了解物探情况，为灌浆质量评价提供依据。

物探检测管理页面可提供物探检测数据的维护和管理，其中检测阶段包括灌前物探和灌后检测。检测类型包括岩芯取样、全孔成像、单孔声波、对穿声波、变模检测。岩芯取样检测包括以下检测项目：岩芯照片、地质层组、地质描述、采取率、裂隙密度、岩石质量标准（Rock Quality Designation，简称 RQD）、透水率、风化程度。用直径为 76mm 的金刚石钻头和双层岩芯管在岩石中钻进，连续取芯，回次钻进所取岩芯中，长度大于 10cm 的岩芯段长度之和与该回次进尺的比值，以百分比表示。

物探检测管理实现了以下功能：可以新增一条数据主记录，查询栏中选定的数据为默认的新增选项，相应具体数据也可以在主记录中修改；可以对主记录中的明细数据进行查看和编辑；可以对主记录的编辑进行保存；可以级联删除主记录，即删除主记录的同时删除明细数据记录；可以对物探孔的基础定义数据进行维护。

物探孔的基础定义数据及维护功能，可以实现创建物探孔类型的选择，供选择的孔类型有灌前物探孔、灌后检查孔，系统还提供连续创建所选择类型孔的功能，可以连续创建或停止灌前物探孔；可以实现主界面中选择的单个孔位或区域孔位的删除功能；可以实现主界面中孔位定义信息的保存功能。当前页面支持导出 AutoCAD 图功能，可以导出相应已选择并配置好的 CAD 图；通过显示页面的参数设置和导出 CAD 参数设置，可以选择视图旋转角度，并调整当前页面的视图角度。

在物探检测明细页面中，提供了附件上传功能及全孔成像编辑功能，系统支持文本、文档、图片、CAD 等文件的上传。可以实现新增全孔成像主记录，保存后通过在标题栏中进行新增、保存、删除、提交、审核、打回、批量新增、批量导入图片等操作，实现记录全孔成像功能。物探检测明细提供的功能与岩芯取样模块相同，系统还提供附件上传及图片导入功能。

在物探检测明细页面中，提供了新增单孔声波主记录，在标题栏中可进行新增、保存、删除、提交、审核、打回、批量新增等操作，实现与岩芯取样模块相同的功能，可以将整理好的单孔声波数据导入，系统在此处同样提供附件上传功能；穿声波和变模检测页面的操作与声波检测页面相同，通过在标题栏中进行新增、保存、删除、提交、审核、打回、批量新增等操作，实现与岩芯取样模块相同的功能，可以将整理好的数据导入，系统同样提供附件上传功能。

2. 灌浆孔质量检查管理

灌浆工程验收应在钻孔和灌浆作业过程中，按照相关技术要求规定的各项灌浆施工工艺标准，以及各类灌浆工程的质量检查项目和内容进行逐项验收，并将质量检查和验收记录报送给监理人。灌浆工程单元工程施工结束后，承包人按施工招投标文件、合同文件和相关规程规范要求组织进行单元工程质量评定、监理单位认证质量等级。

灌浆孔质量检查管理页面主要提供灌浆质量检查成果的管理功能，包括灌浆工程终孔验收记录、大坝帷幕灌浆工程钻孔测斜记录表和灌浆工程单元工程质量评定表。

由于系统数据权限控制的需要，各施工单位下的用户只能维护其合同标段下的数据。通过选择新增类型操作，选择相关表格"灌浆工程单元工程质量评定表""灌浆单元工程单孔质量评定表""灌浆单元工程检查孔压水质量评定表""灌浆工程终孔验收记录表""钻孔测斜记录表"，添加一条单元终孔验收主记录，单据编码便可根据当前时间自动生成（yyyyMMddHHmmss）。用户拥有灌浆孔质量检查管理权限且当对应灌浆单元存在时管理权限可用，可以查看当前单元的表单。

在灌浆工程终孔验收记录表页面中，可以填写孔的名称进行查找，系统支持模糊查询；数据未审核时，用户拥有新增权限、编辑权限、删除权限、审核权限等权限；当数据已审核时，用户拥有打回权限。在灌浆质量管理即终孔验收页面中，已经验收的孔不能被再次验收，已存在终孔验收记录的孔显示为灰色，并可以显示验收信息。

钻孔测斜记录表和终孔验收记录表基本一致，表格中包括设计参数、实测参数及检查结果等内容。

（五）综合查询管理

综合查询管理是对灌浆工程单元施工过程中的各类数据进行综合分析，以便建设管理单位及参建单位相关人员从全局的角度对大坝灌浆工程进行整体的管控与分析，从而服务于丰满大坝的施工管理。

综合查询管理模块是体现该系统数据实时查询和综合分析的重要部分，不同单位、角色和权限的用户都可以通过该模块的各种查询功能及报表汇总分析功能了解和掌握大坝灌浆工程的动态进展情况。综合查询管理采用三维展现、图形报表及表格等多种方式进行数据展现与查询，其功能主要包括灌浆孔分序统计、灌浆日进度查询、灌浆进度查询、透水率与注入率分析、综合统计表、灌浆孔成果一览表、施工工序日进度查询、帷幕灌浆完成情况查询、物探检测成果查询、综合纵剖面图等功能。

1. 灌浆孔分序统计

灌浆孔分序统计是针对指定灌浆单元内的各施工孔按孔序进行的分类统计及分析。通过灌浆孔分序统计表，可以对灌浆单元的施工情况分孔序进行整体的了解。灌浆孔分序统计是分孔序统计指定灌浆单元内的施工孔数、单位注入量、单位注灰量区间分布、平均透水率、单位透水率区间分布及施工时间等。

（1）施工孔数：为实际灌浆施工的灌浆孔分序汇总。

（2）单位注入量：为灌浆施工过程中灌浆孔单位注入量的分序平均值，单位注入量数据由灌浆施工数据统计计算得到。

（3）单位注灰量区间分布：反映的是灌浆孔单位注灰量的分序区间分布情况，格式为：区间段数/频率（%）。

（4）平均透水率：为灌浆施工过程中灌浆孔的透水率数据的分序平均值。

（5）单位透水率区间分布：反映的是灌浆施工过程中灌浆孔单位透水率的分序区间分布情况，格式为：区间段数/频率（%）。

灌浆孔分序统计可实现指定灌浆单元灌浆孔的分序统计及按施工时段查询显示功能：可以将当前灌浆孔分序统计数据以 Excel 格式导出；可以打印当前灌浆孔分序统计数据；可以全屏显示当前灌浆孔分序统计数据；选择块选模式，即可以区域选择当前灌浆孔分序统计数据；也可以对块选的数据进行复制，在 Windows 操作系统支持处进行粘贴。在查找栏中可指定施工时段，指定开始时间和结束时间，可以查看所指定施工时段内数据的分序统计结果。

2. 灌浆日进度查询

灌浆日进度查询页面主要是为了实现灌浆施工数据按日实时汇总分析的目的，与灌浆进度查询模块有所区别的是，此页面内的数据为未审核的实时数据。

灌浆日进度查询页面提供了多种组合查询条件，在配置选项中可以对系统查询的时间周期（即，周起始日和月起始日）进行自由配置，可以组合多种查询方式（即，按周、月、季、年、自定义时间段查询）。按不同的组合查询方式可以查看所选时间范围内的灌浆施工数据和统计分析，可以查看灌浆数据的施工孔段、钻孔进尺、灌浆进尺、注灰量、单位注灰量柱状图，在下部数据栏有相应所选时间范围内的灌浆施工数据和统计汇总。

3. 灌浆进度查询

灌浆进度查询页面实现灌浆进度的二维动态形象显示、三维动态形象显示、灌浆的进度分析，即灌浆进度图表及灌浆过程数据的汇总呈现。

灌浆进度的二维动态形象显示为在二维平面内按日期动态显示各灌浆孔的施工情况，其下部列表为灌浆成果数据的汇总显示。

灌浆进度的三维形象显示为在三维立体空间内按日期动态显示灌浆的施工情况，其下部列表为灌浆成果数据的汇总显示。选中灌浆单元，则会有相应灌浆进度的三维动态形象显示，滑动鼠标滑轮即可对页面内的视图进行缩放，点击动态模拟按钮，即可按时间动态查看灌浆进度（日灌浆成果）。

灌浆进度查询为按日统计灌浆的施工数据，并包含对其进行的统计分析。页面上部的视图为注灰量、混凝土进尺、基岩进尺的柱状图和二维曲线统计分析，下部列表为灌浆成果数据的按日汇总统计。

4. 透水率与注入率分析

透水率与注入率分析页面主要提供透水率与注入率的汇总和分析功能，实现形式为四张数据分析图，即透水率（Lu）频率累计分布图、注入率（kg/m）频率累计分布图、回归分析图、注灰/透水率区间分布图。

（1）透水率（Lu）频率累计分布图：为所指定灌浆单元灌浆分区的透水率分序频率累计分布图，在二维分布图中横坐标代表透水率，纵坐标代表频率，透水率数据由施工工序中压水试验数据统计所得。

（2）注入率（kg/m）频率累计分布图：为所指定灌浆单元灌浆分区的注入率分序频率累计分布图，在二维分布图中横坐标代表注入率，纵坐标代表频率，注入率数据由施工工序中的钻孔和灌浆数据所得。

（3）回归分析图：为所指定灌浆单元灌浆分区的注入率与透水率间的回归分析，反映的是注入率与透水率间的依存关系，其中截距和系数根据直线回归方程计算得出。在二维分析图中横坐标为透水率，纵坐标为注入率。

（4）注灰/透水率区间分布图：为所指定灌浆单元灌浆分区的注灰率与透水率的分序区间频率分布柱状图。在二维柱状图中，横坐标为区间分布，纵坐标为频率。

5. 综合统计表

综合统计表为灌浆孔成果一览表和灌浆孔分序统计表的整合，反映灌浆施工过程中灌浆孔成果和灌浆孔分序统计的综合情况，即分区、分序统计和分析指定灌浆单元的施工情况。

综合统计表主要反映的是分序统计指定灌浆单元内各灌浆分区的灌浆进尺、耗材用量、单位注入量及单位注灰量区间分布、平均透水率及单位透水率区间分布、施工时间等情况。通过指定施工时段，即指定开始时间和结束时间，可以查看所指定施工时段内数据的综合统计结果，该功能页面主要实现指定灌浆单元综合统计表的生成及分施工时段的查询显示功能。

（1）灌浆进尺：由灌浆施工工序管理中的钻孔数据统计所得。

（2）耗材用量、单位注入量及单位注灰量区间分布：由灌浆施工工序管理中的灌浆数据统计分析所得。

（3）平均透水率及单位透水率区间分布：由灌浆施工工序管理中的压水数据统计所得。

6. 灌浆孔成果一览表

灌浆孔成果一览表用来反映指定任意灌浆单元内各孔段灌浆过程及施工数据明细，同时提供各孔段的数据汇总显示。通过灌浆孔成果一览表，可以清晰地了解到各灌浆单元的灌浆情况，即灌浆成果。系统在此处将灌浆工程施工过程分两种孔类型，即普通孔和抬动孔，并对其分别进行统计分析，其中普通孔包括物探孔、灌浆孔、检查孔。

普通孔表的数据明细分别为灌浆单元内各灌浆孔所有孔段的灌浆进尺情况、透水率、水灰比、注入率、耗材用量、单位注入量、抬动值、最终灌浆压力、灌浆起止时间及纯灌时间。

（1）灌浆进尺情况：即混凝土进尺、孔深、基岩进尺情况，当系统灌浆单元孔位定义自动生成孔段信息后，在灌浆施工工序管理钻孔页面整理可得。

（2）透水率：即吕容值，为施工工序管理中压水试验所得的数据，由灌浆自动记录仪记录、打印或导出。

（3）水灰比：即制浆用水与所用水泥的重量比，为施工工序管理中灌浆施工过程所得的数据，由灌浆自动记录仪记录、打印或导出。

（4）注入率、耗材用量、最终灌浆压力、灌浆起止时间及纯灌时间：由灌浆自动记录仪记录、打印或导出，单位注入量由系统计算得出。

（5）抬动值：为施工过程中抬动观测所得的数据。

抬动孔灌浆成果一览表的数据明细为灌浆施工单元内各抬动孔的孔口高程、实测孔深、孔径、内外管规格和管长、接头情况和固定用水泥用量、内外管的安装情况、安装日期。这些数据为抬动孔灌浆施工工序管理中钻孔所维护的数据。该功能页面主要提供指定灌浆施工单元灌浆孔成果一览表的分施工时段查询及综合统计显示功能。

在灌浆孔成果一览表页面中，通过指定施工时段，即指定开始时间和结束时间，可以查看所指定施工时段内的数据和统计结果，也可以只查看指定施工时段内灌浆成果整理中已确认的灌浆成果数据和统计结果。

7. 施工工序日进度查询

施工工序日进度查询页面主要实现如下功能：①通过该查询功能，数据录入人员能够对当天或一段时间的钻孔、冲洗、压水、灌浆、封孔数据进行整体的校核；②反映每天或者某段时间内的数据录入情况。

通过设置时间，用户可以查看该段时间范围内的钻孔、冲洗、压水、灌浆、封孔等数据及其汇总统计，其中包括：钻孔页面提供钻孔段数、基岩进尺的汇总统计；冲洗页面提供冲洗段数、基岩进尺的汇总统计；压水页面提供压水段数、基岩进尺的汇总统计；灌浆页面提供灌浆段数、基岩进尺、废弃浆量、废弃灰量、浆管容量、灰管容量、注浆量、注灰量等的汇总统计。

8. 帷幕灌浆完成情况查询

帷幕灌浆完成情况查询主要是查询周期内施工部位的设计量、计划量、累计完成量、累计完成率。帷幕灌浆完成情况查询提供了应用查询周期的自由配置，可以组合多种查询方式，即按周、月、季度、年、时间段、配置查询。

9. 物探检测成果查询

（1）物探检测成果查询主要提供物探检测数据及图表、文件等的汇总、统计、分析和呈现。物探检测主要包括声波检测、变模检测、岩芯取样、全孔成像。

（2）声波检测中的声波分析页面，可在查询栏按灌序查询（灌前物探、灌后检测），可查看选中灌浆单元声波检测的声波曲线图，此曲线图由声波检测数据生成。图表区中 X 轴为波速区间，Y 轴为波速的分布情况；列表区提供波速的统计和分析；附件列表则提供检测单位上传的波速分析资料。

（3）声波检测中的变模检测页面，可以查看孔内变形模量，同时提供变模检测数据的统计分析和变模检测数据文件的附件浏览保存功能。

（4）在岩芯取样页面，可以查看岩芯取样，同时提供岩芯取样数据的查看、附件浏览保存以及 CAD 导出功能，形成最终的帷幕物探孔柱状图。

（5）在全孔成像页面，可以查看全孔成像，同时提供全孔成像附件的浏览和保存，以及各物探孔全孔成像图片的查看功能。

10. 综合纵剖面图

综合纵剖面图使用直观图示的方式，表现灌浆工程施工过程中各孔不同段次的基础信息、单位注灰量、透水率等情况，同时可以对灌浆成果进行调整统计。系统使用二维形象图的模式，根据灌浆单元定义及灌浆施工工序数据记录，生成综合纵剖面图示例。

综合纵剖面图页面主要实现指定灌浆单元综合纵剖面图的选择显示功能及灌浆成果的调整统计功能。选中灌浆单元，选择灌浆分区，则会有相应的综合纵剖面图显示，并可以对页面内的视图进行缩放。

工具栏中，所设选项与右键选择的显示项目具有同样的功能。有所区别的是，右键选择项目可提供各分区的组合显示。选择图例说明功能，可以查看综合纵剖面图例说明。

在综合纵剖面图页面，选中单个或多个灌浆孔，通过选择显示灌浆成果按钮，即可显示灌浆成果。在此页面中，用户可以通过勾选，以确定是否进行统计分析；通过工具栏可以对当前页面中的所有孔及所有孔段进行选择，选择完要统计的各孔段后，通过选择重新查询，即可查看相应的统计结果。页面可实现与灌浆成果一览表中同样的报表导出、报表打印、全屏显示、块选及复制的功能。

四、原理

帷幕灌浆检测分析可视化信息系统是基于 SQL Server 数据库平台和 C♯ 开发工具建立的帷幕灌浆检测分析可视化信息系统，将空间数据和属性数据进行有机整合，使之符合统一的规范和标准，并对数据进行有效的组织、管理和存储。其具体设计原则如下。

（1）数据三维化和可视化原则。系统采用先进的三维可视化手段，改变传统数据库系统中以表格、列表为主的枯燥表现形式，代之以形象、直观的三维图形进行展示。在实用的前提下力求技术方向的高起点和先进性，以适应用户不断提出的新需求。

（2）成果快速地质分析原则。施工情况和灌浆数据快速地与地质资料及物探检测资料一起进行分析，可迅速、准确地提出相应的地质结论，为设计、施工及竣工评定提供可靠的数据支撑。

（3）数据共享原则。数据库表标识和字段标识与现行标准，同时可以与现有"丰满大坝数据一体化平台"及"无线灌浆管理信息系统"等信息系统保持一致，确保与现有系统实现数据共享。

（4）实用性与先进性相结合原则。一方面，优化数据结构和组织方法，减少数据冗余；另一方面，采用先进的设计方案、建库标准与数据库管理平台，保证数据获取、建库、管理和质量控制等过程的科学、高效和可靠。

（5）开放性和安全性相结合原则。充分实现数据共享与交换，同时又要防止数据的丢失、盗取和非法拷贝。

（6）归口一致原则。由于灌浆工程工期限制，该系统拟先行独立开发并交付使用，后期将考虑对系统进行升级改造，作为"丰满大坝数据一体化平台"的子系统，实现统一登录和管理。

第五章

结　语

一、丰满"智慧管控"的关键技术与创新点

丰满重建工程"智慧管控"是以数字化工程为基础，依托大数据、云计算、互联网、物联网、移动通信技术等，以全程可视、实时传递、智能处理、业务协同管理为基本运行方式，将工程范围内的人类社会与建筑物在物理空间与虚拟空间进行深度融合，实现智慧化的工程管理与控制，包括四大特点、十项关键技术和三大创新点。

（一）四大特点

透彻感知、全面互联、实时仿真和智慧管控是丰满"智慧管控"系统的四大特点。

（1）透彻感知是对施工过程各关键要素，包括混凝土坝施工信息人、物、时、空、量348个关键要素五位一体的透彻感知。

（2）全面互联是通过信息化的手段实现多层次网络的通信，实现远程、异构的各种终端设备和软硬件实现原材料、人员、设备、位置、标准、档案各个要素信息的全面互联互通和共享。

（3）实时仿真是智慧建造的核心，构建了53个仿真模型，实现混凝土坝施工进度、施工质量、施工安全信息的实时分析。

（4）智慧管控包括报警预警、智能控制及报表生成，实现了通水流量、流向、仓面小环境等5个关键量的智能化调控、65个控制要素的预警报警及277个报表的自动生成评价。

"透彻感知""全面互联""实时仿真"和"智慧管控"相辅相成、相互依存，以"实时仿真"为核心形成智能监控的统一整体。

（二）十项关键技术

（1）碾压混凝土坝全过程智能温控技术。全过程智能温控包括智能拌和、智能仓面、智能通水及智能保温四大部分，四大部分相互关联，实现混凝土坝防裂的全过程智能化。根据基础约束、越冬层面、体型尺寸、结构形式、施工季节等特性为每一个浇筑仓设计个性化温控标准与措施，实时监控，动态调整，通过全过程智能温控模型实现温控措施的智能优化与调控。

（2）碾压质量监控技术。混凝土浇筑碾压质量实时监控系统具有实时性、连续性、自动化、高精度等特点，通过对碾压过程施工数据的实时采集和集成分析，并建立质量动态实时控制及预警机制，实现了对碾压过程的实时、智能控制。

（3）灌浆质量监控技术。通过四参数灌浆自动记录仪，实时监测灌浆压力、灌浆流量、浆液容重、抬动变形，对大坝固结灌浆、帷幕灌浆等环节进行有效监控，建立质量和进度动态实时控制及预警机制，实现灌浆施工信息的高效集成。

（4）智能化质量验评。智能化质量验评是采用数据库、移动互联、工作流等技术，对施工质量验评工作进行全过程管理，系统集成质量评定业务标准，通过移动设备采集质量控制检查（测）结果，对照质量标准自动进行符合性评价、质量等级评定，实现验评项、验评结论的智能判定，验评流程的自动触发，生成符合归档要求的质量验评资料。

（5）智能化试验检测管理。智能化试验检测管理是采用数据库、移动互联、工作流等技术，对施工期工程质量试验检测进行全方位、全过程的信息化管控方法。通过信息化手段，进行各种试验检测信息采集、评价、分析、数据管理实现全方位、全过程精细管控，利用计算机替代人工进行检测频次、检测结果的符合性评价，自动生成各种报告、报表。

（6）施工视频全监控技术。采用先进的计算机网络通信技术、视频数字压缩处理技术、视频监控技术和安全监测技术，实现丰满重建工程施工区域全覆盖。

（7）施工人员及车辆定位技术。通过对施工人员及车辆轨迹的实时获知、违章时段和具体人员的实时分析、施工考勤的自动统计和信息智能发布的精准管控，做到对施工人员和施工车辆的实时信息及安全作业情况进行跟踪。

（8）移动安监智能管理技术。移动安监智能管理技术是一种安全、快速的施工安全管理与控制管理方法。通过移动安监 APP，摆脱在固定设备上进行办公管理的限制，包括安全检查、违章处置、风险管控、安全台账、安全交底、统计分析、特种作业、经验交流等内容，将业主、监理、施工单位整合到统一的管理平台，及时解决现场安全管控问题。

（9）施工进度智能管控技术。施工进度智能管控技术是采用三维动态模型技术、移动互联等技术，对水电工程施工进行智能化管控的方法。系统自动进行限制条件判断、计算量化指标，实现智能化的可行性分析和优化调整；采用三维动态模型技术，实现进度计划的动态仿真推演和实际进度展示；实时采集进度信息，自动统计工程量实际完成情况，及时发现进度偏差，为施工进度管控提供辅助决策支持。

（10）三维可视一体化管控平台。三维可视一体化管控平台将现场施工多个业务应用系统和智能采集应用进行深度融合集成，打破信息孤岛，基于可视化三维动态施工单元模型，将施工安全、质量、进度信息集成于单元模型，为工程建设管理人员提供高效、便捷的信息查询；同时进行信息分层与智能化的统计分析，为工程管理与决策提供支持。

（三）三大创新点

针对高寒区恶劣的施工条件（年均气温低、极端温差大、太阳辐射强等不利因素），丰满重建工程全面应用了"智慧管控"技术，在三个方面取得了创新突破，《高寒区碾压混凝土坝智慧建造关键技术》课题获得了 2017 年度中国施工企业管理协会科学技术进步奖一等奖。

（1）提出了碾压混凝土坝智慧建造理念，形成了工程建设全要素、全过程的智能化管理体系，开发了构件化、抽屉式的三维可视一体化管控平台，实现了施工数据的透彻感知、施工与建设管理信息的全面互联和深度融合。

（2）研发了碾压混凝土坝全过程施工智慧建造关键技术，包括智能化的混凝土生产、碾压、加浆振捣、灌浆等施工技术，混凝土智能温控防裂技术，以及智能检测、验评、视频监控、移动安监、进度等管控技术。

（3）创新了高寒与大温差地区碾压混凝土筑坝关键技术，包括混凝土仓面水气二相流造雾方法、混凝土越冬人工降雪新型保温技术、仓面温度动态跟踪和实时监测监控技术等。

二、丰满"智慧管控"实施过程中的问题

"智慧管控"的理念和方法贯穿于丰满重建工程建设的全过程，在实际应用中也暴露出许多问题，大部分问题在实践中得到了解决，也有一些问题受技术手段、时间、资金、安全以及政策的影响没有得到根本性的解决。

（一）电子签名合法化

根据现行的工程档案管理政策和标准，电子签名和印章不能作为原件归档，因此在平台中应完成审核的质量验评表格、监理指令等文件需要在线下重新签名、盖章，再通过二维码拍照或批量扫描（自动识别二维码）的方式将文件上传。

税务、银行、通信、医药等行业都在实行电子票据，国家行政机关和大部分的央企公文都采用电子印章。国家档案局目前也在探索档案管理信息化的方法与模式，2018年，国家档案局将工程建设项目档案单轨制作为试点，研究档案全面信息化的可行性。如果试点成功，工程档案全面信息化在不久的将来就会得到大范围的推广及应用，以解决电子签名合法化的问题。

（二）质量检测数据自动化采集

全面、实时、准确的信息采集是"智慧管控"有效运行的基础，施工现场受环境和传感器技术的限制，仍然存在大量需要人工录入的检测数据，包括钢筋与模板安装偏差、核子密度仪读数、原材料和混凝土试验数据等，这些数据录入的工作量很大，人工录入的方式限制了信息的及时性、准确性、真实性。随着技术的发展，这些问题将逐步得到解决。例如，钢筋、模板安装偏差可以通过精密三维激光扫描建模与设计模型的对比分析进行自动检测，核子密度仪读数可以通过摄像结合图像识别技术自动采集，原材料和混凝土试验数据可以通过开发专用的数字检测设备自动采集（目前部分室内试验设备具有数据传输接口）。

（三）精确定位技术

目前，手机的定位精度仅能达到"米"或"亚米"级，无法满足大部分安全、质量管理的功能需要，地理围栏的应用受到限制。例如，手机照片的拍摄地点、质量检测地点、采样位置、混凝土运输车的受料和卸料地点等空间位置与单元模型建立对应关系时会出现错误，需要人工修改或确认。

当前的空间定位技术可以通过建立差分基站的方式实现厘米甚至毫米级的定位精度，但定位装置体型较大，人工携带和使用不便。如果精确定位装置小型化技术取得突破，或者采用人工智能技术通过视频识别和追踪实现精确定位，将会大大提高"智慧管控"的准确性和工作效率。

（四）工程量计算

工程量计算与计量结算等工程技术经济相关业务的基础，也是工程技术人员工作量最大的业务。丰满"智慧管控"研发中也进行了一些尝试，通过"切片"法进行简化计算，其应用的范围有限，对于复杂结构，人工计算切片的工作量仍然很大，如果结构设计发生变化，修正切片工程量的工作量也很大，限制了"智慧管控"在施工管理特别是工程进度与工程经济管理方面发挥更大的作用。

BIM 在工程设计领域的应用越来越广泛，对于工程量计算具有明显的优势，如果"智慧管控"与 BIM 能够实现信息交互，由"智慧管控"提供工程量计算的边界条件，BIM 负责计算并将计算结果反馈到"智慧管控"，为各功能模块提供准确的数据，"智慧管控"将在工程管理上发挥更广泛的作用。

三、"智慧管控"展望

水电工程建设"智慧管控"技术目前还处于发展阶段，随着国家经济、技术的进步，未来还有广阔的发展空间，发挥的作用将更广泛、更深入。

（一）建立标准

"智慧管控"技术对于提升水电工程建设管理水平和效率具有不可替代的积极作用，许多大型水电建设和软件开发企业都在进行"智慧管控"技术的研究和开发，并且在某些领域和功能上具有先进性。作为一种相对新生的事物，"智慧管控"技术尚未形成统一的标准，各系统的通用性较差，难以进行融合，各种先进经验和技术难以深入交流，开发成本相对较大，限制了"智慧管控"技术的推广应用和进一步的发展。

"智慧管控"技术需要在一定范围和程度上设立基础标准，进一步降低系统研发的难度和成本。基础标准可以从数据结构标准、数据标准进行研究。

数据结构标准主要着眼于应用功能，以各种信息之间的逻辑关系和通用的数学模型为主要研究方向。针对基础应用功能，规范实现功能所必需的信息，并在各种信息之间搭建运算和逻辑判断关系。数据标准用来规范信息的类型和基本特性，信息可以在各种功能模块中畅通无阻。

基础标准应该具有广泛的通用性，"智慧管控"的开发者能够方便地进行基础设置，信息能够被各类信息系统迅速识别，各种成熟的功能模块可以方便地移植到其他工程项目的系统中。

（二）工厂化施工

随着人工成本逐渐提高，使用机械的成本相对降低，大量替代人工或者提高效率的机械、设备、工器具被研发出来，人工智能、机器人等技术进一步发展，工厂化施工可能是未来的发展方向。人能够掌控的范围更加广泛，控制更加精确，效率更高，安全、质量、进度的控制能力进一步提高。

电缆三维设计与施工技术，管路预制技术，零件形式的铜止水，采用数控机床进行钢筋制作，以及专业化的钢筋加工厂、模板加工厂，这些技术和方法的价格和质量优势越来越大，传统的水电工程现场施工任务逐渐被工厂生产替代。"智慧管控"技术将在其中发挥越来越大的作用，设计信息、质量信息、进度信息可以更加快捷、准确的传递，优化下料、零部件编码、智能化安排生产顺序等降低成本、提高效率的作用也会初步凸显。

采用自动控制施工区域的小环境能力越来越强，控制范围越来越大，成本越来越低。采用轻质高强材料，迅速搭建、便捷移动大型作业棚成为可能，可以大范围地通过"智慧管控"技术控制包括温度、湿度、风速、风向、太阳辐射等环境条件，消除或降低高温、寒冷、降雨、大风等自然环境对施工的不利影响。

在现场进行焊接、钢筋绑扎、混凝土平仓振捣、洒水（喷雾）养护、质量检测等工作的机器人将逐渐替代人工。"智慧管控"技术将成为控制这些机器人优质高效工作的大脑。

（三）水电建设项目全寿命周期管理

大型水电开发企业，一般会有数十个建设项目分别处于选点规划、立项审批、施工建设、生产运维等不同的阶段。"智慧管控"技术将在全寿命周期的各个阶段发挥不同作用。

（1）多项目综合信息管理。搭建大型"智慧管控"平台，改变通过各种报告被动获取信息的传统管理模式，通过平台实时掌控所有项目的安全、质量、进度、经济信息。开发信息模型，设定参数，对各项目进行综合对比分析。依托平台逐步开发专业的功能，成熟的功能模块可以在平台内迅速推广应用。

（2）项目决策。"智慧管控"技术在工程建设实际应用的过程中，将记录大量施工机械、人员、进度等施工信息，通过"大数据"深入挖掘，这些信息可以用来构建量化计算模型，用于分析评价设计方案、施工组织、总进度计划等目标的合理性，为项目决策提供重要的参考意见。

（3）项目实施。项目实施阶段除"智慧管控"系统外，一般情况下，建设单位还有公文管理、ERP、合同管理、仓储管理等信息系统，设计单位和施工单位也有信息管理系统，逐步打通这些系统之间的联系，使各单位、各系统信息互通、协同工作，将进一步提高工程建设管理的效率。

"智慧管控"技术本身也有很多需要提升和完善的地方。基于物联网和无线通信实现更广泛的信息采集与自动控制，原材料、施工机械、人员、风、水、电等资源优化调配，三维模型轻量化，覆盖更全面的手机端业务应用，计量结算、劳动定额、机械定额等工程经济方面的应用，都有待于水电建设者进一步研究与实践。

（4）生产运维。生产运维阶段的信息化程度相对于施工阶段更高，"智能化水电厂"技术覆盖了设备运行状态监控、自动控制、故障诊断与分析、水库调度、经济运行、运维检修、工业电视、"五防"、应急管理等内容。"生产管理系统"负责设备管理、技术监督、"两票"管理等办公业务。"大坝安全监测系统"专门用于监测大坝变形、渗流、应力应变、温度，以及监测资料统计分析，向大坝中心报送数据等功能。

"智慧管控"系统全面地记录了施工阶段的各种信息，这些信息是生产运维阶段宝贵的资料。运用"智慧管控"理念，逐步实现各系统的互联互通，使工作更加智慧将会对生产管理产生积极的作用。例如，设备发生故障，监控系统首先发现，生产管理系统按照安全规范提出隔离措施填入"工作票"，依据"工作票"自动生成"操作票"。依托"智慧管控"平台，综合运用设备信息、安装记录、质量检测、影像资料等信息，开发面向生产运维阶段的技术培训、安全培训等功能模块可以使施工信息进一步发挥作用。

参 考 文 献

崔博. 心墙堆石坝施工质量实时监控系统集成理论与应用 [D]. 天津：天津大学，2010.

交通运输部公路科学研究所. 公路工程质量检验评定标准：JTG F80/1 - 2017 [S]. 北京：人民交通出版社股份有限公司，2017.

刘毅，张国新. 混凝土坝温控防裂要点探讨 [J]. 水利水电技术：2014，45（1）：77 - 89.

水电水利规划设计总院. 水电工程验收规程：NB/T 35048—2015 [S]. 北京：中国电力出版社，2015.

水利部建设与管理司. 水利水电工程施工质量检测与评定规程：SL 176—2007 [S]. 北京：中国水利水电出版社，2007.

四川省水利电力厅. 水利水电工程施工质量评定规程（试行）：SL 176—1996 [S]. 北京：中国水利水电出版社，1996.

张国新，李松辉，等. 大体积混凝土防裂智能化温控关键技术研究报告 [R]. 中国水利水电科学研究院.

中国电力企业联合会. 工程建设标准强制性条文（电力工程部分）2011 年版. 北京：中国电力出版社，2012.

中国电力企业联合会. 水工混凝土施工规范：DL/T 5144—2015 [S]. 北京：中国电力出版社，2015.

中国人民武装警察部队水电指挥部. 水工碾压混凝土施工规范：DL/T 5112—2009 [S]. 北京：中国电力出版社，2010.

中国水利水电第一工程局有限公司，中国水利水电第六工程局有限公司. 水利水电工程模板施工规范：DL/T 5110—2013 [S]. 北京：中国电力出版社，2013.

中华人民共和国国家质量监督检验检疫总局. 质量管理体系标准：GB/T 19000—2016 [S]. 北京：中国标准出版社，2016.

中华人民共和国建设部. 建设工程项目管理规范：GB/T 50326—2006 [S]. 北京：中国建筑工业出版社，2006.

中华人民共和国水利部，能源部. 水利水电基本建设工程单元工程质量等级评定标准（七）：SL 38—92 [S]. 北京：水利电力出版社，1992.

水利部建设与管理司. 堤防工程施工质量评定与验收规程（试行）：SL 239—1999 [S]. 北京：中国水利水电出版社，1999.

中华人民共和国水利电力部. 水利水电基本建设工程单元工程质量等级评定标准（试行）：SDJ 249.1～6—88 [S]. 北京，1988.

中华人民共和国住房和城乡建设部. 建筑工程施工质量验收统一标准：GB 50300—2013 [S]. 北京：中国建筑工业出版社，2013.

钟登华，刘东海，崔博. 高心墙堆石坝碾压质量实时监控技术及应用 [J]. 中国科学：技术科学，2011，41（8）：1027 - 1034.

钟桂良. 碾压混凝土坝仓面施工质量实时监控理论与应用 [D]. 天津：天津大学，2011.

朱伯芳，张国新，许平，等. 混凝土高坝施工期温度与应力控制决策支持系统 [J]. 水利学报，2008，39（1）：1 - 6.

朱伯芳. 大体积混凝土温度应力与温度控制 [M]. 北京：中国电力出版社，1999.

NAVON R，SHPATNITSKY Y. Field experiments in automated monitoring of road construction [J].

Journal of Construction Engineering and Management - ASCE，2005，131（4）：487 - 493.

OLOUFA A. A. Quality control of asphalt compaction using GPS - based system architecture ［J］. Robotics & Automation Magazine，2002，9（1）：29 - 35.

OLOUFA A. A，WONSEOK D. ，THOMAS H. R. Automated monitoring of compaction using GPS ［J］. Proceedings of the 1997 5th ASCE Construction Congress：Managing Engineered Construction in Expanding Global Markets，1997：1004 - 1011.

NAVON R. ，SHPATNITSKY Y. A model for automated monitoring of road construction ［J］. Construction Management and Economics，2005，23（9）：941 - 951.